Levan Gvelesiani

Metaphysik der Einrichtungen
und andere Spekulationen

Bad Homburg v.d.H.
2000

Gvelesiani, Levan

Metaphysik der Einrichtungen und andere Spekulationen.
Herstellung: Libri Books on Demand, 2000
ISBN 3-8311-0806-4

Alle Rechte, insbesondere die der Übersetzung in fremde Sprachen, sind vorbehalten.

LZP Verlag, Bad Homburg v.d.H.

© Levan Gvelesiani, 2000
Zeichnungen: T. Peradze, G. Zautashvili
Vorbereitung und Gestaltung zum Druck: Z. Akhaladze

INHALT

Einführung 5

Einfache Einrichtungen 9
    Kosmos   9
    Einrichtungen   15

Sonne, Erde und komplexe Einrichtungen 19

Das Künstliche 24

Zukunft 29
    Die erste Revolution   29
    Die zweite und die dritte Revolutionen   38

Der Kosmos als Einrichtung und Gott 44
    Das Superhirn   45
    Wer ist Gott?   49

Lyrischer Epilog 51

Anmerkungen 53

Quellenverzeichnis 73

Meinen Feinden mit Liebe

Meine tiefste Dankbarkeit gilt meinen Freunden Claus und Tariel, sowie meinem Lehrer Fritz.

Einführung

> Wir werden aber alle verwandelt werden.
> Apostel Paulus (1.Kor. 15.51)

Um der Kritik, die ich erwarte, aus dem Wege zu weichen: Die Ideen und Überlegungen, die hier geäußert werden, erheben keinen Anspruch auf Wissenschaftlichkeit und sind reine Spekulationen. Die Stellen im Buch, wo ich mich auf die Wissenschaft beziehe, sind ausschließlich als Grundlage für Fakten und selten für Interpretationen einbezogen worden. Ich versuche auch nicht im Rahmen des allgemeinüblichen wissenschaftlichen Herangehens zu bleiben und mich an die Gebote zu halten, die als gültige Regeln in der wissenschaftlichen Beweisführung anerkannt sind. Daher bitte ich alle Wissenschaftler, die zufällig mein Buch in die Hände bekommen, nicht das kritische Argument „unwissenschaftlich" zu benutzen. Das Buch ist von vorn herein „unwissenschaftlich" und hat keinen Anspruch, neben den vielen gängigen und teils auch gut fundierten wissenschaftlichen Theorien Platz zu nehmen. Deshalb sollte das, was hier dargelegt wird, als ein Essay bzw. eine Anregung zur Diskussion dienen.

Diese „Unwissenschaftlichkeit" hat nichts mit Feindlichkeit gegen oder mit mangelndem Vertrauen an die Wissenschaft zu tun. Ich glaube wohl an die Wissenschaft und bin, wie es auch aus den unten angeführten Überlegungen klar wird, sehr positiv dazu eingestellt. Das Problem der Unwissenschaftlichkeit meines Buches besteht darin, daß es für mich unmöglich war, alle Bereiche, die im Text betroffen sind, wissenschaftlich zu erfassen. Anfangs hielt ich es für geboten, alle Thesen, die ich hier anführe, ganz präzise mit wissenschaftlichen Erkenntnissen zu belegen. Später habe ich darauf verzichtet. Dieser Verzicht hat zwei Gründe: Einerseits war das zugrunde liegende Material, welches ich berücksichtigt habe, einfach zu umfangreich, um es in einem Werk zu verarbeiten. Um an den Kern aller Bereiche heranzukommen, wäre mindestens ein Genie erforderlich. Leider gehöre ich nicht zu dieser Kategorie der Menschen. Deshalb sollte alles, was hier behauptet wird, als eine Metapher und Vermutung verstanden werden. Andererseits soll das Buch auch lesbar sein. Es ist nicht für die engen Kreise der Wissenschaftler, sondern für alle Menschen bestimmt. Der Leser oder die Leserin soll sich nicht mit der ausführlichen Beweisführung langweilen, sondern die Hauptideen herauslesen können und dabei auch Unterhaltung haben.

Außerdem muß ich gestehen, daß von dem, was erzählt wird, sehr wenig von mir stammt. Die Schlußfolgerungen und Ideen, über die ich hier erzähle, stammen hauptsächlich von anderen Menschen bzw. schweben in der Luft fast so, daß ich sie nur aufzugreifen und niederzuschreiben brauchte. Ich habe letztendlich nur ein System für das Wissen, was vor mir und neben mir erlangt wurde, konstruiert, in welches dieses Wissen als Inhalt hineinpasst. Das, was angeboten wird, sind einige spekulativen Überlegungen dazu, wie unsere Welt sich weiterentwickeln kann.

Das Buch handelt von der Zukunft.

Wir Menschen sind hinsichtlich unserer Vergangenheit und unserer Zukunft in einer ungeklärten Lage. Das, was wir über die Vergangenheit wissen, beruht hauptsächlich auf Schlußfolgerungen, die durch Extrapolation heutiger Zustände in die Anfänge der Geschichte abgeleitet sind. Wir vermuten in der Vergangenheit eine bestimmte Linearität der Entwicklung und schließen daraus, daß die Prozesse nach einer bestimmten Weise abgelaufen sind. Das ist ein schweres Unterfangen. Die Ereignisse, die die Wissenschaftler beschreiben, liegen Millionen und Milliarden von Jahren von uns entfernt. Auch bei der Analyse unserer Geschichte, der letzten einigen Tausend Jahre, bedienen wir uns der Artefakte, Überlieferungen und Aufzeichnungen der Menschen, die auch mehrdeutig und/oder einseitig sein können. Selbst darüber, was sich vor 50, 100 oder 1000 Jahren ereignet hat, sind wir nicht immer einer Meinung. Was wir über die ferne Vergangenheit sagen können, über die Entstehung und Entwicklung des Kosmos, über die Sterne und Planeten, über das Leben, über die ersten Menschen, beruht auf Vermutungen, die auf der Basis der heutigen Fakten aufgestellt werden. Es ist nicht immer sicher, ob alles wirklich so abgelaufen ist, wie wir denken. Hier gilt der Regel: „Wenn damals die Gesetze und Bedingungen so waren, wie wir sie heute kennen, dann sollte damals dieses oder jenes auch so, auf diese Weise abgelaufen sein." Wir vermuten eine bestimmte Linearität der Entwicklung.[1] Obwohl wir schon einiges über die Prozesse wissen, die in der Vergangenheit geschahen, ist das, was wir noch nicht über die Welt wissen, wahrscheinlich umfangreicher als alles, was wir bereits an Kenntnissen erworben haben.

Noch krasser ist diese Ungewißheit, wenn wir über unsere Zukunft reden. Fast alle Schriftsteller, ausgenommen vielleicht einige konservative religiöse Autoren, sprechen über die Offenheit der Zukunft. Bei den religiösen Autoren ist die Zukunft eng mit der Verheißung des jeweiligen Gottes verbunden und nur in Details unklar.[2] Manche Autoren führen diese Offenheit auf die prinzipielle Unberechenbarkeit der Weltprozesse zurück.[3] Einige andere Verfasser unterstreichen den Einfluß des bewußten Willens auf die Prozesse.[4] Diejenigen, die eine negative Erfahrung mit fehlerhaften

Voraussagen in der Vergangenheit gemacht haben, vermeiden es, sich mit der Futuristik zu beschäftigen. Bemerkenswert ist, daß wenn es um die Prognosen geht, sich nur wenige Autoren aus dem Zeitrahmen von einigen hundert Jahren hinauslehnen.[5] Die ferne Zukunft bleibt den Phantasten überlassen.

Trotz dieser Ausgangslage und der Schwierigkeit des Unterfangens versuche ich, anhand der Analyse der Vergangenheit eine Zukunftsprognose aufzustellen. Ob sie richtig oder falsch ist, wird die Zeit zeigen.

Einfache Einrichtungen

Kosmos

> Im allgemeinen hat es die westliche Wissenschaft außerordentlich gut verstanden, die Gesetze zu finden, die die Vorgänge in der materiellen Welt regieren, und sie beherrschen zu lernen.
>
> Stanislav Grof, „Kosmos und Psyche", S.316

Beginnen wir dort, wo die moderne Naturwissenschaft den Anfang unserer Welt setzt, beim „Big Bang", dem Urknall.[6]

Das Weltall zeigt sich uns in einer unheimlichen Vielfalt der Formen, die dauernd ineinander übergehen und immer neue Strukturen bilden. Das ist das beobachtete Universum. Es wird vorausgesetzt, daß die ganze Vielfalt der Strukturen im Universum sich Schritt für Schritt, vom Einfachen zum Komplizierten herausbildete. Das heißt, daß diese Vielfalt der Strukturen ihre Geschichte hat.

Nach der von den meisten Wissenschaftlern heute akzeptierten Theorie des Ursprungs des Weltalls, deren mathematische Auslegung auch das *Standardmodell der Kosmologie* genannt wird, hat vor ca. 12 bis 18 Milliarden Jahren alles mit einer Explosion von „Etwas" begonnen.[7] Dieses „Etwas" wird von den Wissenschaftlern kaum definiert. Man nimmt an, daß die Welt kurz vor dem *Big-Bang* ein ungeheuer kleiner Klumpen der Materie (oder Energie?) darstellte, in welchem die uns bekannten Gesetze der Natur noch nicht gewirkt haben. Dieser Zustand ist *singulär*, im Sinne der physischen Parameter einzigartig und undefinierbar.[8] Undefinierbar ist auch, wo und wann sich der Big-Bang ereignet hat bzw. wann und wo sich unser Universum befindet.[9] Es ist wahrscheinlich gar nicht korrekt, die Fragen nach dem Wann und Wo zu stellen, wenn es um die Zeit und den Raum vor dem Big-Bang geht. Was wir aus unserem heutigen Zustand bzw. aus dem Zustand des Universums, wie wir es heute beobachten, ableiten können, ist die Explosion, die Ausdehnung der vorhandenen Materie. Soweit das Auge reicht, befindet sich der Kosmos im Prozeß des Auseinanderdriftens. Wenn man „den Film zurückspult", kommt man zwangsläufig zu einem Zeitpunkt, welcher als Anfang definiert werden kann. Was vor diesem Anfang da war, weiß nur Gott. Die Wissenschaftler vermuten, daß sich in der ersten, ganz frühen Phase, bevor das Universum eine *Planck-Zeit* (etwa 10^{-43} Sekunden) alt war, alles im singulären Zustand befand. Das Universum war eine ungeordnete heiße „Brühe", in welcher der Differenzierungsprozess erst anfangen sollte.

Diese *Anfangssingularität* begann sich, aus welchem Grund auch immer, in eine Explosion umzuwandeln - die „Abweichung von der Perfektion des ersten Augenblicks" begann. Aufgrund der allgemeinen Relativitätstheorie wird angenommen, daß es außer diesem „Ur-Knall" nichts gab, weder Zeit, noch Raum, noch sonst etwas. Alles, was wir „Universum" nennen, ist in den Bruchteilen der Sekunde als eine Explosion eigentlich aus dem Nichts entstanden.[10] Natürlich waren im frühen Universum nicht alle heutigen Strukturen vorhanden; sie bildeten sich nach und nach, mit der Abkühlung und unregelmäßigen Verteilung der Masse im Raum. Eigentlich explodiert das Universum bis heute, und wir führen unser gefährliches Leben mitten in einer andauernden ungeheuren Explosion.

Aus der Planck-Zeit ging die explodierte Brühe schon strukturiert hervor. Sie bestand aus der Strahlung und aus den ersten energiegeladenen Teilchen. Die ursprüngliche Energie wandelte sich in einigen Augenblicken in der sich ausdehnenden Ansammlung von Elementarteilchen um. Die Welt besaß zu dieser Zeit noch keine „Falten" – Unterschiede in der kleinmaßstäbigen Struktur. Sie erschienen erst später, mit der Abkühlung und der daraus hervorgegangenen Differenzierung.[11]

Mit der Ausdehnung der Raumzeit und Verminderung der Energiedichte, damit auch der Senkung der Temperatur, wie beim Austrocknen eines Tümpels, wenn im trockenen Schlamm Risse entstehen, entstanden die nächsten Strukturen. Binnen einer sehr kurzen Zeit (etwa in 10^{-5} Sekunden) koppelte sich die Gravitation von den übrigen Kräften ab, die schwache Kernkraft trennte sich von der elektromagnetischen und die Herausbildung der Protonen und Neutronen hat sich durchgesetzt. Einige Wissenschaftler vermuten, daß schon in dieser Zeit die Keime der späteren Großraumstruktur des Universums, der Galaxien und Galaxiehaufen angelegt worden sind. Zu diesem Zeitpunkt war das Universum zwar schon etwas kälter als am Anfang, aber immer noch sehr heiß. In diesem Zustand konnten sich nur die elementarsten Teilchen der Materie, aber noch keine Atome oder Moleküle bilden, weil die Energiedichte zu hoch war. Es muß hier noch einmal betont werden, daß sich die Explosion nicht in einem Raum und in der Zeit ereignete, sondern selbst die Raumzeit war und ist.

Die Bildung der neuen Strukturen ist mit der weiteren Abkühlung verbunden. Je mehr sich das Universum ausdehnte und abkühlte, desto komplexere Strukturen hat es hervorgebracht. Etwas später bestand das sog. frühere Universum (Zeit: ca. 1 Sekunde) aus den Teilchen, die wir heute als Neutronen, Protonen, Neutrinos, Photonen, Elektronen und andere exotische Teilchen kennen.

Ich möchte hier nicht die Details dieser Prozesse nachzeichnen, weil diese hier für die weitere Gedankenführung nicht erforderlich sind. Wer sich für die detaillierte Beschreibung der Prozesse der Entstehung von Strukturen interessiert, kann auf eine umfangreiche Literatur hingewiesen werden, die zum Teil im Anhang angegeben ist.

Entsprechend dem heutigen wissenschaftlichen Bild wurden in der folgenden Phase des Universums mit der weiteren Abkühlung und Ausdehnung weitere Strukturen gebildet. Die Dichte der Energie und entsprechend der Masse nahmen ab. Erst danach, in den ersten Minuten, kam es zur Herausbildung der ersten chemischen Elemente. Im Universum wird bei Temperaturen von ca. $5*10^{12}$ K das Atom des Wasserstoffs gebildet, der auch heute das meistverbreitete Element des Kosmos ist. Ein Teil dieses Wasserstoffs bildet etwa zur gleichen Zeit die komplexeren Heliumatome im Verhältnis von etwa 10:1 bzw. 3:1 und unbedeutende Mengen von Deuterium und Lithium.

Der nächste Schritt der Strukturierung des Universums hat sich auf zwei Organisationsebenen ereignet. Einerseits setzte sich der Prozess der Herausbildung der chemischen Elemente fort. Andererseits begann der Prozess der großräumigen Strukturierung. Diese beiden Prozesse sind eng miteinander verbunden: Das Vorhandensein der Elemente ist eine Voraussetzung für die großräumigen Strukturen, aber andererseits können die weiteren chemischen Elemente nur durch die Herausbildung der großräumigen Strukturen entstehen.

In dieser Phase der Entwicklung haben wir es bereits im großen Maßstab mit den Inhomogenitäten des Kosmos zu tun.

Die ausdehnende Materie verteilt sich nicht gleichmäßig im Raum. Die aufgetretenen Inhomogenitäten führen zur Lokalisierung der entstandenen Wasserstoffatome, zur Zusammenziehung durch die Wirkung der Gravitation.[12] Eine Polarisation findet statt: Die Atome und Elementarteilchen mit Masse werden durch die Wirkung der Gravitation, aber auch der anderen drei uns bekannten Kräfte zusammengezogen und konzentriert. Zwischen diesen Konzentrationsstellen entstehen die mit masselosen Teilchen gefüllte Regionen - das intergalaktische Vakuum.

Wie ich oben beschrieben habe, wird das Universum „von unten", von Anfang an strukturiert. Erst werden die Strukturen gebildet, die später in komplizierteren Systemen als Elemente eingehen. Die Elementarteilchen bilden den Atomkern, die Atomkerne bilden zusammen mit den Elektronen die Atome. Diese Atome bildeten teilweise Moleküle und - großräumig - die Gaswolken. Als weiterer Schritt dieses Prozesses entstanden im Kosmos Sterne und Galaxien. Die Größe der Gebilde hängt mit der anfänglichen Menge des Gases zusammen. Dort, wo sich die größeren Mengen des Wasserstoffs und Heliums zusammenfanden, zwang die Gravitation zur Herausbildung von Sternen. In den Sternen, die nicht um vieles größer sind als unsere Sonne, verschmelzt der Wasserstoff zu Helium. Zwei Wasserstoffatome, die jeweils einen Proton und einen Elektron besitzen, bilden durch die Einwirkung des Drucks und der hohen Temperatur ein Atom des Heliums mit zwei Protonen und zwei Elektronen. Bei dieser Verschmelzung wird ein Teil der Masse der in die Reaktion eingebundenen Atome als Energie ausgestrahlt. Wir empfangen diese Energie von der Sonne bis heute und werden wahrscheinlich noch eine Weile, der Schätzung nach ca. 4-5 Milliarden Jahre davon profitieren.[13]

In den Sternen, deren Masse das Vielfache der Sonnenmasse ausmachte, fanden weitere synthetische Prozesse statt. Hier zog die Schwerkraft die Elemente mit einer gewaltigen Kraft zusammen. Bei dieser Zusammenziehung entstand ein erhöhter Druck. Dadurch wurde der Kern des Sterns erhitzt. Unter der Einwirkung dieses Hochdrucks einerseits und andererseits der hohen Temperatur fallen Heliumatome auseinander und die freigebliebenen Kerne verschmelzen zu noch schwereren Kernen der neuen Elemente, zu Kohlenstoff, Sauerstoff, Silizium, Eisen u.a.[14] Dieser Prozess hat zur weiteren Strukturierung geführt: Im Sterninneren bildete sich ein Kern aus den neuen schweren Elementen aus. Dieser Prozess ist grundsätzlich als eine *exotherme* Reaktion bis zum stabilsten Element des Kosmos, dem Eisen gegangen. Die Energie wird aus dem System ausgegeben. Alle Elemente, die danach entstanden sind, benötigen die Aufnahme der zusätzlichen Energie im Gegensatz zur oben beschriebenen Reaktion der Verschmelzung und sind daher *endotherm*.[15] Wenn der Stern die ganze Energie dieser Synthese herausgestrahlt hat, kommt es zur *Implosion* und zur Verschmelzung schwerer Atome in die neuen chemischen Elemente. Theoretisch kann es auch zu einem *Pulsar* oder zum *schwarzen Loch* kommen, wenn der Stern eine dafür ausreichende Masse besitzt. Viele Sterne enden mit der Explosion einer *Supernova*, welche die entstandenen Elemente und Stoffe mit ungeheurer Wucht ins All schleudert. Eigentlich ist alles, was später im Kosmos entstanden ist, aus diesen Stoffen hervorgegangen.[16]

Die Galaxien, die eine Ansammlung der Materie im All sind, bestehen aus Millionen und Milliarden von Sternen und Gaswolken ungeheuren Ausmaßes. Diese Gebilde befinden sich in einer ständigen Dynamik und im anhaltenden Übergang ineinander.

Aus dem, was wir nun besprochen haben, kann man deutlich einen Faden der Strukturierung des Weltalls verfolgen. Anstatt dem *Entropiemonster* zu verfallen und sich in eine undifferenzierte kalte „Brühe" zu verwandeln, hat sich das Weltall in den letzten 12-18 Milliarden Jahren dermaßen strukturiert, daß es ein denkendes und selbstreflektierendes Wesen hervorgebracht hat.

Ist das kein Wunder?[17]

Einrichtungen

> ...we have to regard universe as *an undivided and unbroken whole*.
> David Bohm, "Wholeness and the Implicate Order", S. 125

Jetzt möchte ich erstmals den Begriff der *Einrichtung* einführen, weil ich weiter unten mehrmals darüber sprechen werde. Diese Metapher benötige ich, um die Entwicklung der Welt in ihrer Gesamtheit zu zeigen. Im üblichen Sprachgebrauch wird eine Einrichtung, wenn der Begriff nicht im Zusammenhang mit der Möblierung gebraucht wird, als *„etwas, was von einer Institution zum Nutzen der Allgemeinheit geschaffen worden ist"* bezeichnet (Duden). Ich ändere diese Bezeichnung etwas ab und definiere eine Einrichtung als ein zusammengesetztes dynamisches System, welches ein Produkt generiert. Eine Einrichtung kann mehrere Produkte herstellen, aber das Wesentliche dabei ist die Eigenschaft, daß eine Einrichtung aus dem vorhandenen Material etwas erzeugt, was andere Einrichtungen nicht produzieren. Für die menschliche Gesellschaft ist dieses Phänomen selbstverständlich und bekannt. Wir haben Betriebe, Einrichtungen, die aus angeliefertem Material Güter produzieren. Wir haben auch andere Einrichtungen, die Informationen oder Dienstleistungen erzeugen etc. Wir können mehrere Einrichtungen haben, die das gleiche Produkt herstellen, oder neue Einrichtungen bauen, die etwas herstellen, was es noch nicht gegeben hat.

Versuchen wir jetzt aus dem wohlbekannten Begriff einer gesellschaftlichen Einrichtung einen abstrakteren Begriff der kosmischen Einrichtung zu bilden. Als Beispiel wählen wir einen konkreten Stern: Ein Stern ist eine Einrichtung, die die Energie, das Licht und die neuen Elemente herstellt. Damit ist nichts zum Zweck, über das Ziel gesagt. Die Einrichtungen, denen wir in der Natur begegnen, unterscheiden sich von einer gesellschaftlichen Einrichtung dadurch, daß die letztere ein Ergebnis menschlicher Planung und zielgerichteter Tätigkeit ist. Dagegen hat der Mensch die Sterne nicht zur Erzeugung der Energie und dergleichen geplant und konstruiert. Sterne sind natürliche Einrichtungen, die etwas zum „Nutzen der Allgemeinheit", also des gesamten Weltalls produzieren. Solche natürlichen Einrichtungen entstehen immer im Prozess der Weltentwicklung. Einige Einrichtungen erschaffen die anderen. Keine Einrichtung existiert ewig; sie entstehen und vergehen mit der Zeit. Sie ändern sich. Sie entwickeln sich, erreichen einen bestimmten Grad der Intensität und gehen unter. In diesen Überlegungen ist fast nichts Neues. Das Neue liegt nur in der Betrachtungsweise. Ein Stern ist nichts weiter als eine aus Wasserstoff, Helium und aus anderen Stoffen entstandene Zusammenballung der Masse. Ich möchte aber im Vergleich zur üblichen Betrachtungsweise aus einem anderen Blickwinkel auf einen Stern schauen, nämlich auf den Stern als den Hersteller der neuen chemischen Stoffe. Wenn wir von diesem Standpunkt aus auf den Stern schauen und als Ausgangspunkt der Betrachtung die von den Einrichtungen hergestellten Produkte annehmen, dann können wir alle Systeme des Kosmos als Einrichtungen betrachten. Der Big-Bang als Einrichtung produzierte die Elementarteilchen, sie ihrerseits produzierten die Atome, die dann teilweise die Moleküle herstellten. Diese wiederum erschienen als Einrichtung für die Herstellung der Sterne etc. Aus verschiedenen Bereichen kennen wir auch solche Einrichtungen, die sich gegenseitig bedingen, reziprok aufeinander bezogen sind. Solche Einrichtungen werden oft in der Systemlehre beschrieben. Hierzu gehören auch die Systeme, welche Manfred Eigen in seinem Modell der Hyperzyklen einführt (Eigen u.a., 1975, Eigen, 1987). Die Einrichtungen sind selbst Strukturen des Weltalls und stellen neue Strukturen her.[18]

Ich möchte den Begriff der Einrichtung, wie ich ihn hier gebrauche, nicht auf Größe, Lebensdauer oder andere *quantitative* Eigenschaften eines Systems begrenzen. Eine Einrichtung kann die Größe einer Galaxie oder eines Atoms haben. Sie kann Sekunden, Minuten oder Millionen von Jahren aktiv sein. Die einzige Begrenzung, die hier eingeführt werden kann, betrifft die *qualitative* Seite einer Einrichtung. Wenn sie etwas herstellt, was bis zur Entstehung dieser Einrichtung noch nicht da war, dann spreche ich von einer neuen Einrichtung. Natürlich existieren die Einrichtungen selten als einzelne Entitäten. Es gibt nicht nur einen Stern im Weltall, sondern viele. Einigen von ihnen gelingt es nicht, etwas zu produzieren, was in der Welt neu wäre. Andere dagegen produzieren etwas, was es früher nicht gegeben hat und was mit den anderen Einrichtungen nicht herzustellen wäre.

Ich möchte noch einiges zur Vielfalt der Erzeugnisse sagen. Wie bereits erwähnt, ist ein Stern eine Einrichtung, die vieles produziert und vieles produzieren kann. Unsere Sonne produziert Energie, Licht, Helium, die Krümmung des Raums, diverse Strahlungen u.a. Nun gibt es im Kosmos andere Sterne, die viel mehr verursachen. Die Sonne ist nichts besonderes, sie ist nur ein bescheidener Stern zwischen den 100 Milliarden anderer Sterne der Milchstraße und stellt nur einen Teil der Produkte her, die ein Stern herstellen kann. Wesentlich bei den Sternen ist die Tatsache, daß nur im

Inneren der großen Sterne Prozesse stattfinden können, die dann zur Entstehung schwerer Elemente führen. Ohne sie besäße das Universum keine schweren Elemente. Ich will, um Mißverständnisse zu vermeiden, hier noch einmal betonen, daß das Funktionieren der Einrichtungen, mit Ausnahme der vom Menschen geschaffenen, nicht durch den „Auftrag" gelenkt wird, sondern durch die Art und Weise der Existenz bedingt wird. Man kann nicht sagen, daß der Stern für die Herstellung der Metalle da ist, sondern der Stern ist da und verursacht als eine einfache kosmische Einrichtung die Entstehung der Metalle und anderer Produkte.

Wenn wir die Erde aus dieser Sicht betrachten, dann können wir folgern, daß die Erde als Einrichtung etwas sehr interessantes produziert, etwas, was sie von allen anderen uns bekannten Planeten unterscheidet; nämlich das *Lebendige*. Die Erde ist eine Einrichtung die das Lebendige hergestellt hat. Mars oder Jupiter etwa stellen wahrscheinlich auch einiges, aber nicht das auf Kohlenstoff basierende lebendige Wesen her. Besprechen wir dieses Thema im folgenden Kapitel.

Sonne, Erde und komplexe Einrichtungen

> Sun is turning 'round with gracefull motion...
> Rolling Stones, „2000 Light Years From Home."

Die Sonne ist, so wie viele Sterne im Kosmos, durch die Zusammenballung des Wasserstoffs vor einigen Milliarden Jahren entstanden. Der unter dem starken Druck stehende Wasserstoff wird im Sonneninneren zerlegt. Daraus entstehen Teilchen, Protonen, Neutronen, Elektronen, Photonen u.a., die teilweise neue Atome des im Universum nach dem Wasserstoff am weitesten verbreiteten Heliums und etwas Lithium bilden. Es findet folgende Reaktion statt: Vier Wasserstoffatome werden zerlegt und bilden zwei Heliumatome. Bei dieser Synthese wird ein Teil der Teilchen als Strahlung aus der Sonne ausgestoßen und streut die Wärme und das Licht in die Umgebung. Das macht etwa 0,7% der gesamten Masse der sich in der Reaktion befindenden Atome aus. Aus diesem Massendefekt wird die Sonnenausstrahlung „finanziert". Die Sonne „brennt" schon ca. fünf Milliarden Jahre und wird voraussichtlich noch etwa einmal so lange „brennen". Dann wird sie die Wasserstoffvorräte aufgebraucht haben und sich voraussichtlich aufblähen.

Aus der ursprünglichen Gaswolke, welche die Sonne geschaffen hat, sollen sich auch die anderen Körper des Sonnensystems gebildet haben. Dazu gehören Tausende von verschiedenen Materiebrocken, von denen die wichtigsten die neun Planeten sind, die die Sonne im regelmäßigen Takt in unterschiedlicher Entfernung umkreisen. Aus dem ursprünglichen Gasnebel soll auch unsere Erde hervorgegangen sein. Allerdings ist es heute noch fraglich, warum die Planeten einschließlich der Erde so gut mit den schweren Elementen bestückt sind. Eigentlich sollte die Sonne durch die Anziehungskraft des Zentrums die meisten Metalle auf sich fallen lassen und für die Planeten nur noch leichte Elemente aufheben. Die Sonne besteht aber zu ca. 75% aus Wasserstoff, ca. 23% Helium und nur zu ca. 2% aus schwereren Elementen.

Wissenschaftler vermuten, daß die Erde, genauso wie die anderen Einrichtungen, verschiedene Phasen der Entwicklung durchgemacht hat. Am Anfang, vor ca. 4,5 Milliarden Jahre, war sie heiß und wüst. Durch die Abkühlung und durch die geologischen Aktivitäten ist es dann bald zur Herausbildung der ersten lebendigen Wesen gekommen.[19] Wo und wie das Leben entstand, ist noch ungeklärt. Tatsache ist, daß es existiert und gedeiht. Die ersten lebenden Organismen waren wohl primitive Einzeller. Die Aussage, die man definitiv treffen kann, lautet: Am Anfang, schon ziemlich kurz nach der Entstehung, war die Erde mit einfachen Lebewesen bevölkert. Später entstanden komplexere Lebewesen, die die Erdoberfläche erobert haben. In den letzten einigen Zigtausend Jahren entstanden auf der Erde die Lebewesen, die selbstbewußt sind. Das wäre eigentlich alles, was man eindeutig über die Vergangenheit sagen kann. Weder die Mechanismen dieser Entwicklung noch der genaue Zeitablauf und die Kausalverbindungen sind vollständig klar. Vieles spricht für eine *Evolution*, aber man kann all diese Entstehungen auch anders interpretieren. Wenn die Evolutionisten versuchen, ihren Glauben an das darwinistische Modell als einzige richtige Erklärung der uns bekannten biologischen Phänomene anzuführen, vergessen sie oft, auf welchen schwachen Beinen der Darwinismus steht. Keine der Haupttheorien des Darwinismus ist eindeutig belegt und bewiesen.[20]

Lange Zeit, etwa während 2,5 Milliarden Jahren, herrschten auf der Erde einzellige Organismen, die als Einrichtung die Erdoberfläche so verändert haben, daß es möglich geworden ist, darauf etwas noch komplexeres zu erschaffen, nämlich die Vielzeller. Wenn wir die Geschichte der ersten irdischen Einzeller verfolgen, sehen wir, daß sie eine entscheidende Rolle bei der Formung der Erdoberfläche und der Erdatmosphäre gespielt haben. Diese Prozesse sind durch die Analyse der Ablagerungen gut belegt. Das Hauptergebnis dieser Wirkung ist die veränderte Oberfläche und die Atmosphäre der Erde.[21] Wollten die Einzeller das oder etwas anderes, spielt hier keine Rolle. Wir können sogar vermuten, daß sie eigentlich nichts als überleben wollten. Und sie haben es geschafft; viele von ihnen haben die langen schwierigen Zeiten überlebt und dabei etwas geschaffen, was vor ihnen und ohne ihre Wirkung noch nicht vorhanden war: Die Erdatmosphäre und die Erdoberfläche. Die Einzeller haben die Erde so eingerichtet, daß sie zur Entstehung und Unterhaltung der weiteren komplexen Strukturen geeignet wurde.

Das vielzellige Leben hat sich auf der Erde noch zügiger entwickelt und erreichte sehr schnell den Komplexitätsgrad eines Gehirns. Mit der Entstehung der mit dem Gehirn behafteten Wesen verbindet man auch die Erscheinung der seelischen und später der geistigen Tätigkeit. Die Erde fing erst an zu fühlen und später zu denken.

Man muß dabei berücksichtigen, daß all diese Prozesse ein Umbau der vorhandenen Stoffe in komplexere Strukturen waren.[22] Wenn wir die Erde als eine Einheit betrachten, die aus dem Kosmos eigentlich nur die Sonnenenergie bezieht, dann können wir eine Vervollkommnung der Erdoberfläche verfolgen. Die anfänglichen Strukturen wandelten sich zum Teil in die lebendigen und später in die denkenden Strukturen. Das ist das wesentlichste, was die Erde geleistet hat: Erschaffung des Lebendigen, und durch das Lebendige die

Schaffung der *denkenden Strukturen* ist das wichtigste Ereignis, auch im kosmischen Maßstab. Die Erde hat sich im Zusammenspiel mit der Sonne als eine Einrichtung zur Erschaffung des Lebens entpuppt. Nicht die vulkanische Tätigkeit, nicht die Ozeane, nicht die Wolken und Felsen sind wichtig, ihnen kann man wahrscheinlich auch anderswo im Kosmos begegnen, sie sind nicht erdspezifisch. Das Leben ist das wichtigste Produkt der Erde. Die „Gaia", um den aus meiner Sicht treffenden griechischen Begriff zu gebrauchen, den James Lovelock für die Bezeichnung der lebendigen Erde einführte, ist erst lebendig und dann denkend geworden.[23] Vom Nichtlebendigen ist die Erde zum lebendigen und denkenden Organismus fortgeschritten. Das Leben ist das Hauptprodukt der Erde. Daher kann man eindeutig sagen: Die Erde ist die – oder wenn man andere erdähnliche Einrichtungen im Kosmos nicht ausschließt – eine Einrichtung, die das Leben hergestellt hat, und das Lebendige ist die Einrichtung, welche das Denkende erschuf.

Wenn wir die Metapher der Einrichtungen fortsetzen, können wir sagen, daß nach den einfachen kosmischen Einrichtungen, die zur Entstehung des Lebens geführt haben, mit dem Leben komplexe Einrichtungen entstehen, die die weitere Strukturierung der Materie im Kosmos gewährleisten.

Zu diesen komplexen Einrichtungen gehören alle lebendigen Wesen, einschließlich des Menschen. Das Lebendige, als Einrichtung, hat in unserem Fall zur Entstehung der denkenden Wesen geführt. In der Gesamtmasse der Erde, im Vergleich zum Anfang, gibt es heute einen zwar winzigen, doch bemerkenswerten Anteil an den höchstkomplexen Strukturen, die wir als *Gehirn* bezeichnen.[24] Das Gehirn als eine kosmische Struktur und als eine komplexe Einrichtung ist der Sitz des Bewußtseins, welches seinerseits eine Einrichtung für die Erschaffung der neuen, noch unbekannten Strukturen ist. Mit dem Gehirn allgemein werden etwa die neuen

Strukturen geschaffen, die wir gesellschaftliche Strukturen nennen. Außerdem leistet das Gehirn noch einiges mehr. Wenn wir dabei das wichtigste suchen, kommen wir zwangsläufig zum menschlichen Gehirn. Die lebendigen Wesen, die kein menschliches Gehirn haben, produzieren zwar fast alles, was ein Mensch produziert. Sie haben Gesellschaften, vielleicht nicht so raffinierte, wie der Mensch, sie haben Unterkünfte, vielleicht nicht solche wie von Alvar Aalto gebaut, aber vollkommen ausreichend, sie vermehren sich, suchen Ernährung und manche von ihnen sind genauso treu im Familienleben wie die Menschen. Was das menschliche Gehirn aber dazu leistet, ist das *Künstliche*. Der Mensch ist eine Einrichtung, die die Entstehung des Künstlichen verursacht. Das Selbstbewußtsein stellt das Künstliche her. So sind wir in der Entwicklungskette, beginnend mit dem Natürlichen über das Lebendige, beim letzten Glied, dem Künstlichen angelangt.

Das Künstliche

> Er wird der Welt Herr durch eine künstliche Welt, die er zwischen sich selbst und seiner Umgebung ausspannt.
> Wolfhart Pannenberg, „Was ist der Mensch?" S. 18

Wie ich oben gezeigt habe, fragt es sich zwangsläufig, welche Einrichtung der Mensch ist. Was ist das wichtigste Produkt, das der Mensch herstellt? Die Antwort auf diese Frage kann verschieden formuliert werden. Auf den ersten Blick scheint es, daß der Mensch eine Einrichtung zur Herstellung der von Sir Karl Popper formulierten *Welt 3* ist. Hierzu gehört alles, was der Mensch in seiner Geschichte an geistigen Leistungen vollbracht hat, aber im Tierreich oder anderswo nicht zu finden ist. Wenn man etwas tiefer in die Frage eindringt, sieht man, daß dies nicht das einzige Produkt des Menschen ist.

Es ist allgemein bekannt, daß der Mensch aus biologischer Sicht keine Spezialisierung besitzt. Sein Körper ist im Vergleich zu den Pflanzen und Tieren am wenigsten an die konkrete Umgebung angepasst.[25] Im Vergleich zu den Menschen sind alle Tiere oder Pflanzen mehr oder weniger bereit, in der eigenen Umgebung zu leben und zurechtzukommen. Der Mensch ist, wenn man ihn aus der biologischen Sicht betrachtet, ein *Generalist*. Er hat keine ökologische Spezialisierung. Dagegen ist alles in der Pflanzen- oder Tierwelt mehr oder weniger spezialisiert. Die in den warmen klimatischen Zonen lebenden Arten sind eng spezialisiert und nur auf kleineren Landflächen verbreitet. Die Arten, die ihren Lebensraum entfernt von den Tropen haben, sind weniger spezialisiert, aber dafür auch auf relativ größeren Flächen verbreitet. Je generalisierter die Art ist, desto mehr Möglichkeiten hat sie unter verschiedenen Umweltbedingungen zu existieren. In dieser Hinsicht hat der Mensch als biologische Art überhaupt keine Spezialisierung. Er kann sich von den Tropen bis hin zum Nordpol an alle Umweltbedingungen anpassen. Er ist, biologisch gesehen, die absolut *eurotope* Art, das mit maximaler Widerstandsfähigkeit ausgerüstete Wesen der Biosphäre.

Die Tiere und Pflanzen bauen ihre Organe und Körperteile in Anpassungsinstrumente um. Mindestens ein Körperteil bei den lebendigen Wesen, sei es der Schnabel, die Flosse oder tiefgehende Wurzeln, ist derart beschaffen, daß dem Besitzer das Überleben in dieser oder jener natürlichen Umgebung gewährleistet wird.[26] Dagegen finden wir so etwas bei den Menschen nicht. Sein Körper hat kein Glied, das als natürliches Instrument eingesetzt werden kann. Es gleicht einem Wunder, daß der Mensch in der Natur überhaupt überleben konnte.[27] Er überlebte trotz seiner biologischen Unfähigkeiten. Er überlebte aber nicht in der Art der Pflanzen und Tiere: Diese formen ihren Körper um (Körperteile als Werkzeuge, Haarbedeckung, Fettpolster gegen die Kälte, bessere Verdunstungs- bzw. Wärmeabgabemechanismen in den warmen klimatischen Zonen, Nachtsicht, Energiegewinnung durch Oxydation etc.). Der Mensch baut *Instrumente*.[28]

Er fängt mit dem einfachen Beil an und bringt es bis zum Supercomputer. Er baut die Umgebung um und passt sie sich an. Wenn der Mensch nicht an die Natur angepasst ist, dann passt er die Natur seinen Bedürfnissen an. Er nimmt die Stoffe, die er in der einen oder anderen Form in der Umgebung findet, und baut sie so um, daß sie danach für ihn als neue Umgebung dienen. Der Mensch ist der große Umbauer der Natur. Er schafft zwischen sich und der

Umgebung eine neue Schicht der Dinge, die er das *Künstliche* nennt. Die ganze Maschinerie unserer Zeit hat ihren Vorgänger in einer einfachen Axt. Der ferne Nachkomme der Axt ist heute ein beliebiger Mechanismus, welcher funktionell dem Menschen hilft, die Stoffe aus der Umgebung zu gewinnen und sie nach vorgegebenem Muster zu verarbeiten. Stofflich ist diese Maschinerie aus dem gleichen oder fast gleichen Bestand wie die Umgebung des Menschen. Der Unterschied liegt in der Anordnung dieser Stoffe. Die gleichen Stoffe der Erde, die in der Umgebung ungeordnet oder anders geordnet vorkommen, finden sich später als Teile der Maschinen, Ausrüstungen, Instrumente etc.

Man kann diese Parabel auch auf die anderen Bereiche des menschlichen Tuns übertragen. Der Mensch mischte sich vom Anfang an in die göttliche Schöpfung ein. Er kultivierte und veränderte die Pflanzen und domestizierte die Tiere. Das, was wir heute als natürliche Umgebung beobachten, trägt einen ausgeprägten menschlichen Einfluß. Wir sprechen von der Kulturlandschaft. Die Haustiere, die Pflanzen, aber auch die Mikroorganismen u.a. gehören mittlerweile zum Künstlichen. Der Mensch korrigiert die Natur. Er hat neue Pflanzen- und Tierrassen gezüchtet, die Mikroorganismen durch sein Wirken, durch die dauernde Bekämpfung stark modifiziert, einiges auch vernichtet.[29] Heute klagen viele, daß die *Gentechnologien*, die eigentlich zu dieser Reihe der Tätigkeiten gehören, Unheil bringen. Das mag auch so sein, aber der Mensch „tut Unheil" seit seiner Erscheinung auf der Erde. Mehr noch, die Natur tat das seit je her mit sich selbst. Nichts ist beständig in der Natur. Sie ist ein Kaleidoskop der vergänglichen Formen. Alles befindet sich in einem großen Fluß. Die Arten kommen und verschwinden. „Ein jegliches hat seine Zeit,..." (Pred. 3.1). *Panta rhei*.

Der Mensch als Einrichtung erschafft auf Kosten des Natürlichen das Künstliche. Ob wir das wollen oder nicht, die

Existenz dieser künstlichen Welt ist eine Tatsache. Dieser neue Teil der Welt 1, um wieder in Poppers Begriffssystem zu bleiben, ist etwas, was es früher noch nie gegeben hat. Sie entspringt dem menschlichen Denken.[30] Sie ist eigentlich die vergegenständlichte Welt 3. Ich möchte hier noch einmal betonen, daß dieser Umbau der natürlichen Welt nicht unbedingt viel mit dem Willen des Menschen zu tun hat. Genauso wie oben im Fall eines Sterns, der die neuen Elemente herstellt, aber keine zielgerichtete Bewußtheit seiner Tätigkeit besitzt, baut der Mensch die Natur um, unabhängig davon, ob er dieses Ziel von Anfang an ins Auge gefasst hat. Es ist nicht so, daß die Menschen sich entschieden haben, „lasset uns jetzt die Natur umbauen!", sondern die Ergebnisse seiner Tätigkeit sind oft ungewollt. Er versucht nur zum Eigennutz zu wirken und sein Anpassungsproblem zu lösen. Dabei stellt sich heraus, daß er in diesem Prozess die Natur um sich herum derart umgewandelt hat, daß sie für die anderen Lebewesen, die sich an diese angepasst haben, oft nicht mehr als Lebensraum taugt. Die artifizielle Welt als Produkt der menschlichen Tätigkeit vernichtet die natürliche Welt und damit auch diejenigen Wesen, die in dieser natürlichen Umgebung zu Hause sind.

Wenn man diesen Prozess in die Zukunft extrapoliert, liegt es auf der Hand, daß die Zeit kommen wird, wenn der Mensch seine Umgebung dermaßen verändert hat, daß kein Lebewesen, vielleicht außer ihm selbst, in dieser neuen Umgebung sein Leben führen kann.[31] Dieses Thema behandele ich unten, bei den Zukunftsspekulationen. Hier sei nur gesagt, daß der Mensch als Einrichtung etwas ist, was gewollt oder ungewollt aus der „natürlichen" Natur die „künstliche" Natur baut. Das Künstliche ist sein Hauptprodukt.

Man kann auch sehen, daß die Erde, als einheitliches Gebilde mit einer bestimmten Masse, ihre Zusammensetzung in den letzten 4,2 Milliarden Jahren zugunsten der höheren Organisation verändert hat. Der Gipfel der natürlichen Entwicklung ist mit dem Gehirn erreicht worden. Das Gehirn seinerseits war eine unabdingbare Einrichtung für die Erschaffung des Künstlichen. Die Einrichtung, die die Entstehung des Künstlichen gewährleistet, der Mensch, hätte das ohne sein Gehirn kaum geschafft. Diese menschliche Tätigkeit, das Neue in die Welt hinein zu schaffen, ist die Tätigkeit des Menschen, wodurch seine Gottähnlichkeit begründet werden kann.[32] Nur der Mensch besitzt diese Eigenschaft, die ihn gottähnlich macht: Die *schöpferische Fähigkeit*. Natürlich kann der Mensch in seiner schöpferischen Tätigkeit Gott und Natur noch nicht übertreffen, aber er hat in den letzten zehntausend Jahren schwindelerregenden Fortschritt gemacht. Sehen wir jetzt, was er noch zu machen wagt.

Zukunft

> Die Schöpfung des Geistes hat eben erst begonnen!
> Manfred Eigen, „Stufen zum Leben", S. 121

Uns stehen *drei große Revolutionen* bevor. Die erste hat bereits begonnen. Wir sind mitten drin und versuchen festzustellen, inwieweit diese Revolution unsere Lebensweise verändern wird. Die zweite Revolution liegt weit in der Zukunft. Das genaue Datum ist zwar ungewiß, aber man kann schon heute ahnen, daß diese zweite Revolution in den nächsten zwei bis drei tausend Jahren stattfinden wird. Die dritte Revolution sehe ich in einer sehr fernen Zukunft, vielleicht in eineinhalb bis zwei Millionen Jahren.

Obwohl zwei dieser Revolutionen in der fernen Zukunft liegen, kann man schon heute darüber spekulieren, welchen Inhalt diese Revolutionen haben werden.

Die erste Revolution

> Die Sphäre des Geborenen – alles, was Natur ist – und die Sphäre des Gemachten – alles, was vom Menschen konstruirt ist – werden eins.
> Kevin Kelly, „Der zweite Akt der Schöpfung", S. 7

Die erste Revolution findet, wie bereits angedeutet, schon jetzt statt, aber sie hat ihren Höhepunkt noch nicht erreicht. Diese Revolution wird durch die rasante Entwicklung in einigen Bereichen der Technik und Technologie verursacht.

Mindestens drei dieser Richtungen kann man nennen. Das sind:
1. Computertechnologien
2. Medizin
3. Biotechnologie und Gentechnik.

Als wichtigste von diesen drei erscheint mir die angewandte Wissenschaft der EDV. Wir befinden uns heute an der technologischen Schwelle, wo das Hauptproblem dieser Branche bald gelöst sein wird. Ich meine die Lösung des Problems der *Schnittstelle* zwischen den Menschen und Maschinen. Hier geht es eigentlich um die direkte Verbindung der Nervenzelle mit der künstlichen Zelle. Wenn wir in den nächsten 20-30 Jahren eine synthetische „Synapse", eine Schnittstelle zwischen der natürlichen lebendigen Zelle und der artifiziellen Zelle, dem Chip entwickeln können, wird sich unser ganzes Leben so drastisch ändern, daß wir von einer tatsächlichen Revolution reden können.[33]

Viele Wissenschaftler reden, wenn sie die Entwicklung in der EDV- Branche beurteilen, insbesondere was die KI betrifft, über die Erschaffung der Roboter, die mit den Menschen vergleichbar sind und, wenn nicht selbständig denken, mindestens sich so verhalten können wie ein mit einem Bewußtsein behaftetes Wesen. Das muß eine Art *Homunculus* sein, der nicht im menschlichen Kopf, sondern unabhängig vom Menschen weiterlebt und seinem Schöpfer dient. Es geht bei dieser Idee hauptsächlich darum, solche Wesen zu erschaffen, die die Ebene „menschlicher Äquivalenz" erreichen.[34] Diese Spekulationen betrachte ich als ziel- und gegenstandslos. Der Mensch braucht einen Homunculus nicht. Ein mit einem Selbstbewußtsein behaftetes Wesen existiert bereits, es ist der Mensch selbst. Ein neues Wesen, das dem Menschen gleicht, wäre sinnlos. Was sinnvoll wäre, ist die Ermöglichung des direkten Zugriffs zur Maschine, eine Art „*Cyborgisation*", eine Synthese zwischen den Menschen und der Maschine. Um diese Überlegung zu erklären, möchte ich etwas zum Thema Prothesen sagen.

Schon seit Jahrtausenden kennt der Mensch den Sammelbegriff der Prothese. Die erste Notwendigkeit der Prothese ist wahrscheinlich daraus entstanden, daß dieser oder jener Jäger oder Kämpfer Hand oder Bein verloren hat und Ersatz dafür suchte. Eine funktionstüchtige Hand oder ein Bein als Prothese an den Körper anzubringen, wird damals sehr schwer gewesen sein. Man denke an das verbreitete Bild der Piraten mit einem Haken als Hand und mit einem Holzstock am Schenkel als Fußersatz. Der Mensch versuchte schon früh, verlorene oder beschädigte Glieder durch künstliche zu ersetzen. Mit der Zeit haben sich die Ergebnisse dieser Bemühungen weiter entwickelt. Die Prothese hat nach und nach den menschlichen Alltag erobert. Eine besondere Verbreitung haben die Zahnprothesen erreicht. Die letzten 50 Jahre waren für Prothesen, die sich auf die neuen Technologien stützen, von großer Bedeutung.

Als Dr. Christiaan Bernard in Südafrika in den 60-er Jahren des 20. Jahrhunderts die erste erfolgreiche Herztransplantation durchgeführt hat, ist das Anwendungsgebiet der Prothetik in zwei Hauptrichtungen gespalten worden. Die eine traditionelle Richtung zielt auf den Ersatz der natürlichen Glieder durch künstliche Prothesen, wie es z.B. bei den Zähnen der Fall ist. Die andere Richtung versucht die natürlichen Mechanismen und den Aufbau von Körperteilen so zu verstehen, daß der Ersatz der Organe, die Transplantation von einem Körper zum anderen gewährleistet werden kann. Hier sollte man auch die Fälle erwähnen, in denen eigene Körperteile zum Ersatz genommen werden. Verbreitet sind etwa die Operationen beim Ersatz der beschädigten Haut durch Übertragung der Haut von anderen eigenen Körperpartien. Mittlerweile kommen auch solche Operationen vor, in welchen die fehlenden Glieder durch andere ersetzt werden. Kevin Kelly erwähnt eine

Operation, durch welche die abgeschnittenen Finger durch Zehen ersetzt worden sind. (1997, S.49)

Mit der ersten Richtung beschäftigen sich hauptsächlich Vertreter der Technologien, die solche Mechanismen und künstlichen Geräte zu bauen versuchen, die die Funktionalität der verlorenen bzw. zu ersetzenden Organe gewährleisten. Auf diesem Gebiet wird heute viel gemacht. Es ist auch vorauszusehen, daß die weitere Entwicklung dieser Richtung in den nächsten Jahrzehnten dazu führen wird, daß praktisch alle äußeren Glieder des menschlichen Körpers durch künstliche Glieder ersetzt werden können. Wir sind bereits an einem Punkt gelangt, wo die künstlichen Zähne funktionell nicht nur gleichwertig, sondern in manchen Fällen auch den natürlichen Zähnen überlegen sind. Die Labors arbeiten daran, Ersatz für Augen, Ohren, funktionstüchtige Prothesen für die anderen Glieder zu bauen oder schon nachwachsende eigene Körperzellen zu züchten (Bio-Tissuing). Sehr aussichtsreich erscheinen in dieser Hinsicht auch die Nanotechnologien. Der Einsatz von Herzschrittmachern ist zum Alltag der Herzchirurgie geworden. Diese Entwicklung führt dahin, daß der menschliche Körper zum Ende des nächsten Jahrhunderts in höherem Maße aus den künstlichen Organen bestehen wird. Die künstlichen Prothesen sind hauptsächlich für die äußeren Gliedmassen des Menschen gedacht, aber - und diese Entwicklung findet schon statt - man versucht Ersatzteile auch für die inneren Organe zu bauen, wie z.B. die oben erwähnten Herzschrittmacher oder die künstlichen Nieren.

Dabei ist es wichtig zu merken, daß es hier hauptsächlich um die Funktionalität und nicht primär um das Nachbilden geht. Wenn etwa ein Chip die Funktion eines Auges erfüllt, muß er nicht die Form eines Auges haben, sein Design kann auch anders sein. Diese Überlegung ist deshalb so wichtig, weil sich daraus eine andere wichtige Schlußfolgerung ableiten lässt, nämlich die, daß der Mensch in dieser Richtung nicht durch die natürlichen Formen begrenzt ist, sondern die Möglichkeit hat, seine Formen so zu verändern, daß eigentlich neue Formen entstehen. Das ist und wird noch ein Grund für den ethischen Streit in wissenschaftlichen und gesellschaftlichen Kreisen sein, ähnlich dem Streit um die Genetik oder auch über bestimmte Entwicklungen in der pränatalen Medizin. Wir wissen aus der Erfahrung, daß wenn der Mensch irgendeine Möglichkeit hatte, die Ergebnisse der Wissenschaft und Technik zu nutzen, dann hat er sie genutzt und die moralischen und ethischen Grundlagen entsprechend geändert. Der Mensch wird natürlich diese neue Möglichkeit für die eigene Veränderung nutzen. Er tat das bis dato, warum soll er in der Zukunft darauf verzichten? Er wird die natürlichen Grenzen seiner äußeren Form verändern. Um deutlicher zu machen, was ich damit meine, können wir uns vorstellen, daß in der nahen Zukunft nicht nur solche Prothesen eingebaut werden, die die beschädigten Organe ersetzen sollen, sondern auch solche, die die Funktionen der gesunden Organe verbessern. Man kann sich durchaus vorstellen, daß alle Menschen, die dazu Lust und Geld haben, ihr ganzes Leben mit den gesunden, praktisch unzerstörbaren Zähnen verbringen wollen und schon in der Jugend ihre natürlichen Zähne gegen künstliche auswechseln lassen. Oder man stelle sich vor, daß die Menschen, die einen scharfen Hörsinn brauchen, sich eine Hörprothese einbauen lassen, die eine Empfindlichkeitsregelung hat und nach Bedarf des Inhabers verstellbar ist. Nachts im Schlaf würde man diese „Technoohren" auf eine niedrige, tagsüber auf eine schärfere Empfindlichkeit einstellen. Man könnte mit dieser Prothese beispielsweise die Geräusche der Bienen im Wald hören, wenn sie den Nektar aus den Blumen saugen. Das gleiche gilt auch für die Sehprothesen. Bald werden die Brillen und Linsen der Vergangenheit angehören. Man wird sich Sehprothesen einbauen lassen, die einerseits das Problem der Kurz- und Fernsichtigkeit lösen, aber dazu noch in Ultra- oder Infrabereichen und in der Nacht wie im Nebel das Sehen ermöglichen. Viele Tiere, wie Schlangen, Haie, Delphine, Fledermäuse, Bienen besitzen die Eigenschaften, elektromagnetische, Infra- oder Ultrabereiche der Strahlung für ihre eigenen Zwecke zu nutzen. All das könnte in Zukunft auch dem Menschen verfügbar sein. Der Anwendungsbedarf ist vorhanden. Ich fahre viel nachts und würde mir bei Gelegenheit gern solche scharfsichtigen „Technoaugen" einbauen lassen. Solche Prothesen werden nicht auf einen Schlag auftreten. Das ist ein allmählicher Prozess und wird Jahrzehnte, wenn nicht Jahrhunderte dauern.[35] Im Prinzip aber geht es darum, daß künstliche funktionelle Organe immer mehr Platz im Bau des Menschen einnehmen werden. Dieser Prozess wird im Extremfall dazu führen, daß die Menschen am Ende entdecken werden, daß sie zu einem größeren Teil aus den künstlichen Organen als aus den natürlichen gebaut sind.

Parallel zum beschriebenen Prozess wird die Entwicklung in der anderen bereits erwähnte Richtung der Transplantation verlaufen. Weltweit werden jetzt zu Beginn des dritten Millenniums jährlich Zigtausend Transplantationen durchgeführt. Nieren-, Leber-, Herztransplantationen sind für die Kliniken Routinearbeit geworden. Auf diesem Weg hat die Medizin einige wichtige Hindernisse überwinden müssen. Das gewichtige war und ist der Widerstand der Immunabwehr des Organempfängers. Die Entwicklung der neuen Pharmazeutika hat in der letzten Dekade dieses Problem allmählich lösbar gemacht. Ein anderes Problem ist die rechtzeitige Verfügbarkeit und Logistik von natürlichen Organen in ausreichender Zahl. Man muss zur Zeit manchmal einige Jahre auf ein Organ warten. Zur Lösung dieses Problems verspricht die Genforschung in der Zukunft einen gewaltigen Beitrag zu leisten. Wenn die notwendigen Organe durch die Gentechnologien gezüchtet werden, könnte der Mangel an Organen beseitigt werden.[36]

Die Haupttendenz der nächsten tausend Jahren wird die maximale Integration der Technik in den menschlichen Körper sein. Die Menschen werden an allen Körperteilen, welche fehlerhaft oder nicht gut genug funktionieren, einen Ersatz bekommen. In einigen Jahrhunderten oder schon früher wird es zu den ersten künstlichen ROM-s kommen, zu künstlichen Einheiten, die erstens Information speichern können und zweitens mit dem menschlichen Gehirn kompatibel sind. Das heißt, daß solche Chips auch als ROM in den Menschen eingebaut werden können und vom Gehirn als zusätzliche und beliebig abrufbare Speicher genutzt werden. Mein Kindheitstraum wird dann wahr: Man wird im Laden um die Ecke einen Chip mit der ganzen Schulliteratur kaufen, einstecken und los geht es zur Schule. Dann kann die Lehrerin oder der Lehrer alles fragen: Alle Formeln, Fakten, Gedichte und Erzählungen sind schon da und werden beim ersten Abruf aktiviert.[37] Die Bildungseinrichtungen werden sich dann vor allem darum kümmern, was man mit diesem Wissen anfangen kann. Solche Chips werden unverzichtbar sein für das Erlernen der Berufe, Sprachen oder anderer Aktivitäten, wo die kritische Stelle gerade die E/A-Einheiten, oder, wie man sie traditionell nennt, Augen, Ohren, Mund sind. Der Umbruch, die Revolution in der Zukunft findet gerade in der Entwicklung solcher Einheiten statt, die eine direkte Kommunikation zwischen den natürlichen und künstlichen Strukturen erlauben.

Wie wir sehen, liegt die Zukunft nicht in der Erschaffung der eigenständigen denkenden Wesen, sondern in der Verlängerung, Verbreiterung des menschlichen Bewußtseins durch technische Mittel. In dieser Hinsicht sind wir heute dabei, unsere natürlichen Körper umzubauen und eine *Chimäre* zu erschaffen, welche imstande sein wird, ihr bewusstes Leben beliebig zu verlängern, indem sie die Ersatzteile nutzt, die ihr nicht durch die Natur, sondern durch ihre Tätigkeit zur Verfügung stehen. Wir wissen, daß das

Bewußtsein, wenn die Körperfunktionen einschließlich der Gehirnfunktionen einwandfrei funktionieren, nicht altert. Die Frage ist: Wie lange kann der Mensch leben, wenn sein Körper praktisch unsterblich ist? Wenn der Mensch die Möglichkeit hätte, seine abgenutzten Körperteile einschließlich des Gehirns nach und nach zu ersetzen, wie lange würde er aushalten?[38]

Ich betrachte diese Fragen gar nicht als komisch oder phantastisch. Wir befinden uns schon an dieser Schwelle. Es werden zwar noch einige Jahrzehnte bzw. Jahrhunderte vergehen, bevor diese Entwicklung zum Alltag wird, aber früher oder später wird das alles auf uns zukommen. Wir werden die Möglichkeit haben, durch die Synthese mit der von uns erschaffenen Welt so lange leben zu können, bis wir vom Leben genug haben. Zu dieser Schwelle hat es den Menschen immer getrieben. Der Traum vom ewigen Leben könnte sich einmal erfüllen. Wir werden unsere eigene Ewigkeit produzieren, sie erschaffen. Deshalb nenne ich diese technologische Umwälzung eine Revolution. Sie wird alle Bereiche unseres Lebens beeinflussen. Alle Institute und Verhältnisse, die wir aus der Menschheitsgeschichte kennen, werden durch diese Revolution betroffen sein. Sie alle werden entweder verschwinden oder sich so grundsätzlich verändern, daß sie nichts von den heutigen Inhalten beibehalten. Ganze moralische und ethische Systeme werden zerbrechen und für neue Systeme und Strukturen Platz schaffen.

Die zweite und die dritte Revolution

> Die Menschen suchen Gemeinschaft. Darin zeigt sich,
> daß ihrer aller Bestimmung dieselbe ist.
> Wolfhart Pannenberg, „Was ist der Mensch?" S. 59

Ich habe oben über drei Revolutionen gesprochen. Bis jetzt habe ich nur die eine, die uns naheliegende Revolution behandelt. Was aber sind die Inhalte der zwei nächsten Revolutionen?

Über diese zwei wichtigen Scheidepunkte der menschlichen Entwicklung kann heute nur schwer etwas ausgesagt werden. Man kann aus der heutigen Sicht unter der Berücksichtigung der Vergangenheit etwa folgendes skizzieren.

Die zweite Revolution erwartet uns in einigen tausend Jahren. Ihre Wurzeln und Ansätze liegen aber in unserer Geschichte. Wir sind die Wesen, die eine Einheit mit anderen anstreben. Diesen Drang nach Einheit erkennt man deutlich in unserer Lebensweise. Die meisten von uns leben in Familien, in Gemeinden und Gesellschaften.[39] Unsere Natur ist zum Gemeinschaftsleben stilisiert. Wir brauchen immer die anderen, um uns als Menschen zu verwirklichen.

Ich vermute, daß die zweite Revolution gerade mit diesem Einheitsdrang etwas zu tun haben wird. Die Menschen werden in den nächsten einigen Tausend Jahren solche Netzwerke und Vereinigungen organisieren, die nicht mehr als Zusammenballung der einzelnen, sondern als ein *einheitlicher Organismus* betrachtet werden können. Das ist der grundsätzliche Unterschied zwischen dem heutigen Internet und dem morgigen Wesen mit dem vereinigten Bewußtsein. Ich sehe das heutige Netz eigentlich als Grundlage der künftigen Entwicklung eines neuen gemeinschaftlichen Organismus. Das Netz wird uns künftig die Möglichkeit geben, miteinander zu verschmelzen. Viele Autoren würden behaupten, daß dies nur eine Metapher sei und eine wirkliche Verschmelzung der menschlichen Wesen in eine Einheit in den Bereich des Phantastischen gehöre. Dabei kann man schon heute sehen, daß es viele Entitäten in der Natur gibt, die sich bei der Zusammenkunft wie ein einheitlicher Organismus benehmen. Bakterienkolonien, Ameisen-, Bienen-, Vögel- und Fischschwärme u.a. sind dafür Beispiele. Der Mensch ist ein Individual- und gleichzeitig ein Gruppenwesen; sein Verhalten erstreckt sich von den ganz individuellen Tätigkeiten bis zum gruppenkohärenten Benehmen. Eigentlich liegt all das in ihm veranlagt. Das Netz ist als eine Erscheinung dieses Drangs und dieser Suche nach Einheit zu sehen. Als Einrichtung produziert das Netz das verschmolzene *Superbewußtsein*.

Nach der ersten Revolution, die sich hauptsächlich auf den menschlichen Körper bezogen hat, wird die zweite Revolution in der Vereinheitlichung und Verschmelzung des Bewußtseins bestehen. Am Anfang werden wahrscheinlich einige Paare in ein einheitliches Doppelwesen zusammenfließen.[40] So etwas wird nicht allzu schwer sein, weil wir wahrscheinlich die technische Möglichkeit haben werden, auf die Erinnerungen und Erlebnissen der anderen Menschen zugreifen zu können. Anstatt jemandem über eigene Erfahrungen zu erzählen, öffnet man sein Gedächtnis dem Zugriff durch andere. Natürlich werden viele Menschen so etwas nicht tun, weil sie privat bleiben wollen, aber viele, die bereit sind sich offen zu legen, werden diese Verschmelzung vollziehen.[41] Später, wenn diese Fragen technologisch einwandfrei gelöst werden, kommt das Bewußtsein mehrerer Menschen zusammen. Die Menschen oder das, was vom heutigen Menschen übrig bleiben wird, werden einheitliche Kolonien bilden, die einen mehrheitlich künstlichen Körper besitzen. Diese Kolonie wird als eine Einheit, als ein Einzelwesen agieren, so, wie es bei den vielen Einzellern zu beobachten ist, wenn die Zellen zu einem Organismus verschmelzen.[42] Natürlich ist der Vergleich mit primitiven Organismen nur eine Metapher, weil die künftigen vereinigten Menschen nicht auf Basis der Instinkte, sondern auf der Basis der *Ratio* agieren werden. Mit der Verkünstlichung und Veränderung des Körpers wird auch vieles, was mit dem Körperlichen und mit unserer *Irratio* und *Emotio* zu tun hat, Schritt für Schritt verschwinden. Im Menschen sind die Triebe und Instinkte schon heute stark unterdrückt. Ich vermute, daß in dieser künftigen Zeit auch kein körperliches Sexualleben existieren wird, geschweige die körperliche Fortpflanzung. Diese Tendenzen sind bereits heute zu beobachten, wo der Mensch zu einem *androgynen* Wesen mutiert. Die Teilung der Rollen nach Geschlechtern verliert schon heute an Bedeutung. Das betrifft auch die Formen der Ernährung, Erholung etc. Vieles, was wir heute als Alltag kennen, wird in diesen zukünftigen Zeiten verschwinden oder sich dermaßen verändern, daß die Ergebnisse aus unserer heutigen Sicht unvorstellbar sein werden.

In dieser Entwicklungsrichtung, der Verschmelzung des Bewusstseins von mehreren Menschen in ein einheitliches Bewußtsein, wird sich mehr oder weniger die zweite Zukunftsrevolution abspielen. Diese Verschmelzung wird dazu führen, daß die Erde von einigen hundert bis einigen tausend bewußtseinsmäßigen *Einheitswesen* bevölkert wird. Diese werden die Erde bzw. das, was aus der Erde geworden ist, weiter umbauen und in ihren Leib aufnehmen. Sie werden diejenigen Einrichtungen sein, die am Ende die ganzen irdischen Stoffe in ihren eigenen Teil verwandeln.[43]

Dieser Prozess, welcher wahrscheinlich einige Millionen von Jahren in Anspruch nehmen wird, endet dann mit der dritten Revolution, die die Umwandlung der Erde in ein künstliches Einzel- und Einheitswesen vollzieht. Am Ende der dritten Revolution wird die Erde ein *einheitliches Superhirn* mit einem *Superbewußtsein* sein, welches seine Energie direkt von der Sonne bezieht und als ein Organismus agiert.[44]

Hier muß nun etwas über die Natur und über die Erde gesagt werden.

Bei der Vorbereitung dieses Buches habe ich mich verständlicherweise mit allen heute gängigen Weltanschauungen bekannt zu machen versucht. Trotz der Vielfalt der Darstellungen und recht interessanten Überlegungen enden fast alle Werke der Philosophen, Psychologen, Soziologen, Theologen, System-, Natur- und Wirtschaftswissenschaftler mit einem panischen Aufruf zur Veränderung des ökologischen Paradigmas bzw. der Beziehung zur Umwelt und zum Bewußtsein. Verschiedene Autoren, die in der heutigen Wissenschaft bzw. in der Gesellschaft etwas zu sagen haben, rufen die Menschheit auf, mit der Natur einen neuen Dialog zu beginnen. Der Mensch zerstöre durch seine Tätigkeit die Natur. Sie müsse durch die Menschheit vor der Menschheit gerettet werden. Es geht um eine neue "Hygiene des Geistes" und des Körpers in Bezug auf die Natur. Die möglichen Katastrophenbilder erzeugen Schreckensmeldungen. Erde, Mensch und Natur befinden sich in Gefahr. Das Raumschiff Erde sinkt, rettet es und damit auch Euch![45]

Diejenigen, die die Abhängigkeit des Menschen von der Natur sehen, schließen daraus, daß der Mensch die Natur schonen und bewahren muß. Diese Schlußfolgerung erscheint auf den ersten Blick logisch und vernünftig. Wir Menschen sind Teil der Natur. In allen Wesen, im Lebendigen sowie im Unlebendigen glüht der Funke Gottes, aber auch ein Teil der Natur. Wenn der Mensch die Natur und die Umwelt zerstört, dann zerstört er sich selbst und das Göttliche in sich. Der Mensch kann nicht ohne seine Umgebung, ohne Umwelt existieren. Er ist die Einheit von Körper, Seele und Geist. Er ist nicht ein isoliertes Wesen, sondern steht im intensiven Austausch der Energie und der Information mit seiner Umwelt. Sein physischer Leib ist unentrinnbar mit der

Umwelt verbunden. Zerstört der Mensch diese Umwelt, ist damit auch sein Leib zerstört. Mit der Schädigung der Natur schadet der Mensch sich selbst. Wenn wegen der unvorsichtigen Tätigkeit des Menschen Tier- bzw. Pflanzenarten von der Erdoberfläche verschwinden, dann verschwindet etwas, was für den Menschen selbst und für die Natur im Ganzen unersetzlich ist. Jede Art, jedes Tier, jede Pflanze ist ein Teil des Absoluten. Vernichtet der Mensch dies, vernichtet er sich damit selbst. Aus dieser Weltanschauung entspringen verschiedene Ökobewegungen, die sich gegen die natur- und selbstzerstörerische Tätigkeit des Menschen richten und für die Erhaltung der Natur kämpfen. Daraus entspringen einige aggressive Aktionen der konservativen und engstirnigen „Greenpeace"- und anderer Bewegungen.

Ich denke, daß wir es hier zum großen Teil mit einem Mißverständnis zu tun haben. Der Grundsatz dieser Ökoweltanschauungen, den biosphärischen *Status quo* zu bewahren, ist natürlich falsch. Der natürliche Fortgang der Welt heißt *Veränderung* und nicht Stillstand. Für einige Erhaltungsprotagonisten ist dieser Stillstand indes nicht genug, sondern manche rufen uns sogar auf, in die Felder und Wälder zurück zu gehen. Wenn so etwas geschehen würde, wäre das ein Rückschritt für den Menschen. Der Mensch ist durch seine natürliche Entwicklung zu den Technologien gekommen. Vor dem Menschen hat die Natur einen langen Weg hinter sich. In der Weltgeschichte sind Millionen von Arten aufgetreten und verschwunden. Was blieb, ist das Leben als Ganzes. Der Mensch als biologische Art ist einmal auf der Erde erschienen und genauso, wie viele Millionen anderer Arten, wird auch er von der Bildfläche verschwinden. Er ist als biologisches Wesen nicht auf ewig angelegt. Ewig ist nur das Bewußtsein. In welcher Form es in der Zukunft auftritt, ist eine Sache der weiteren Entwicklung. In unserer Gegenwart manifestiert sich das Leben in der Vielfalt der Natur, aber vor allem im

Menschen als dem Träger der selbstbewußten schöpferischen Fähigkeiten. Heute ist das Endprodukt der natürlichen Entwicklung das Selbstbewußtsein. Erst der Mensch schafft parallel mit der Biosphäre die Entstehung der *Technosphäre*. Er entnimmt die Flächen aus der Natur für seine eigenen Zwecke. Er erweitert sich. Eigentlich aber erweitert sich das Selbstbewußtsein. Dabei leidet natürlich die Natur.[46] Leider oder eben Gott sei dank, wird es in der Entwicklung auch künftig so sein, daß der Mensch und die menschliche Gesellschaft das Natürliche auf der Erde völlig zerstören werden, einschließlich des menschlichen Körpers. Die biologische Art des Menschen ist einmal auf der Erde aufgetreten und wird (und muß, wie wir unten versuchen werden zu zeigen) von der Erde verschwinden. Der Mensch als biologische Art ist nur ein Gast, eine komplexe Einrichtung der Genesis und nicht das Ende der Entwicklung. Er hat in seiner *Kaliyuga* einiges zu tun.

Der Kosmos als Einrichtung und Gott

> Das Höchste Wesen, tausendköpfig, tausendäugig, tausendfüßig;
> Er durchdringt die gesamte Erde.
> Er ist jenseits aller Zehn Weltrichtungen.
> Rigveda, X.90.1.-2.

Wenn sich die oben angeführten Spekulationen als wahr erweisen, sollten wir in einigen Millionen Jahren im Sonnensystem einen lebendigen Planeten vorfinden, welcher die Sonnenenergie direkt nutzt und als ein einheitliches, im Wortsinn *planetares Wesen* existiert. Sein Körper, die ehemalige Erde, ist jetzt ein Gehirn, welches aus Schutzgründen durch eine Hülle vom Kosmos isoliert ist und über die Möglichkeiten verfügt, die unlebendigen Stoffe schnellstens in seinen eigenen Teil zu verwandeln. Dieser planetarische Metabolismus wird wahrscheinlich so eingerichtet sein, daß die entropischen Prozesse auf ein Minimum reduziert werden. Dieses Wesen muß nicht notwendigerweise ein Warmblüter sein, sondern es nutzt eine ganz andere Chemie für seine Versorgung.[47] Die „Gaia" wird dann tatsächlich ein einheitliches Wesen sein.

Es fragt sich, was dieses Wesen im Kosmos alles treiben wird, was hat es für Ziele, was will es machen? Und überhaupt, was soll das alles, wie geht es weiter?

Der Prozess der Herstellung des künstlichen Gehirns wird sich fortsetzen. Das *Erdwesen* wird nach und nach die ganze kosmische Umgebung in seinen Teil umwandeln, genauso, wie es die Erde umgewandelt hat. Es versteht sich auch, daß diese Prozesse einige Millionen von Jahren dauern. Das Erdwesen wird dann das ganze Sonnensystem „aufgefressen" haben. Die vorhandenen Stoffe werden in umstrukturierter Form zu den Teilen dieses einheitlichen Gehirns umgewandelt sein. Ich schließe nicht aus, daß am Anfang im Sonnensystem mehrere planetarische Wesen entstehen, die sich nach und nach vereinigen. In den vier bis fünf Milliarden Jahren, bis die Sonne als Supernova explodiert, ist die Arbeit getan; die ganze Materie des Sonnensystems, außer der Sonne, die immer noch als wichtige Energiequelle genutzt wird, ist in einem einheitlichen Superhirn gesammelt und strukturiert. Damit wird die zehn Milliarden Jahre lange Geschichte des Sonnensystems enden.[48]

Das Superhirn

> Wir, Kinder der Notwendigkeit. Zu Hause im Universum.
> Stuart Kauffmann, „Öltropfen im Wasser", S. 286

Kaum ein Wissenschaftler wagt heute ernsthaft zu sagen, daß auf der Zeitskala von Millionen Jahren, um über Milliarden ganz zu schweigen, das Lebendige die kosmische Umgebung entscheidend beeinflußt. Die meisten Prognosen gehen davon aus, daß es auch in einigen Millionen Jahren den Menschen etwa in der gleichen Verfassung gibt wie heute und daß die Astronauten von Planeten zu Planeten fliegen wie heute, nur etwas schneller (Siehe z.B. Michio Kaku, 1998). Das aber erscheint einfach unmöglich, weil die kosmische Entwicklung, die zu immer komplexeren Strukturen führt, dadurch einfach stehen bleiben würde. Diese Entwicklung führt zur Entstehung der Einrichtungen des galaktischen Maßstabs, die aber eine sehr feine innere Organisation haben und, was das wichtigste ist, etwas ähnliches vollziehen, wie das, was wir heute Denken nennen. Das werden die Einrichtungen sein, die eine Ähnlichkeit mit der prophetischen „Black Clowd" Fred Hoyls oder mit dem denkenden Ozean in Stanislaw Lem`s „Solaris" besitzen. Diese *planetarischen denkenden Strukturen* werden nach und nach die Galaxien „ausbeuten" und „verschlucken".

Dabei geht es eigentlich nur um die Umformung der vorhandenen Materie.[49] Wie große Attraktoren werden diese Wesen die Materie des Universums in sich hineinziehen, umwandeln und zu ihrem Teil machen.

Ich setze voraus, daß außer dem Wesen, welches unserem Sonnensystem entstammt, auch andere kosmische Wesen aus anderen Regionen des Universums existieren werden. Wenn heute außer den Menschen andere kosmische Zivilisationen existieren, können sie in der Entwicklung nicht viel weiter sein als wir, anderenfalls hätten sie uns vielleicht schon entdeckt bzw. wir hätten die Spur der vernünftigen Tätigkeit im Kosmos bemerkt. Wenn es andere kosmische Zivilisationen gibt, sollen sie etwa auf unserem technologischen Entwicklungsstand oder niedriger angesiedelt sein. Ferner müßte für sie auch der Zwang der kosmischen Entwicklung gelten. Eine Zivilisation, die sich nicht entwickelt, ist im Kosmos nicht denkkbar, sie würde nicht überleben und vom *Entropiemonster* gefressen werden.

Die überlebensfähigen Zivilisationen, auf welcher Basis auch immer sie aufgebaut sind, würden sich etwa in die gleiche Richtung entwickeln wie die Menschheit mit ihrem anfänglichen kohlenstofflichen Bau. Vielleicht sind die „Leute" auf den anderen Planeten ganz andere Wesen als wir. Sie können ganz anders aussehen und chemisch anders aufgebaut sein. Wenn die Wissenschaftler über die Möglichkeiten des chemischen Aufbaus der lebendigen Wesen sprechen, meinen sie damit die Strukturen, die zwangsläufig auf Kohlenstoffbasis aufgebaut sind. Das muß aber nicht im ganzen Kosmos Geltung haben. Aus meiner Sicht begehen wir bei der Suche nach außerirdischen Zivilisationen einen Fehler. Wir konzentrieren uns darauf, ein Leben zu suchen, welches wie wir auf Kohlenstoff und Wasser basiert und uns im chemischen Aufbau ähnlich ist. Wenn wir das Leben aber nicht als ein chemisches Phänomen, sondern als ein Glied der *kosmischen Entwicklungskette* auffassen, kommen wir aus den Zwängen der Chemie heraus. Wir kennen heute die kosmische Entwicklungskette, die etwa so aussieht: *physische Welt – chemische Welt – biologische Welt – technologische Welt*. Das Glied „biologische Welt" in dieser Kette könnte an anderen Orten des Kosmos auch anders sein. Wir kennen noch längst nicht alle Eigenschaften der Elemente, besonders unter von der Erde unterschiedlichen Bedingungen. Wir wissen beispielsweise sehr wenig über die Quantenkohärenz unter den niedrigen Temperaturen. Solche Effekte, wie z.B. Supraleitung oder Supraliquidität können bei Wesen in anderen Welten eine große Rolle spielen. Ich vermute auch, daß diese Effekte im Aufbau des planetarischen Wesens und später des Superhirns eine große Rolle spielen werden.[50] Um mit den entropischen Prozessen zurecht zu kommen, muß das künftige Superhirn wahrscheinlich auf äußerst niedrigem Temperaturstand funktionieren, damit die Denkprozesse nicht so viel Energie verwerten, wie es heute bei den Menschen der Fall ist. Wir verbrauchen ca. 20% des gesamten Energiebedarfs für das Gehirn. Das Superhirn sollte diesen Energieverbrauch drastisch reduzieren und mit Supraleitung arbeiten, damit die Denkprozesse ohne bzw. nur mit geringem Energieaufwand ablaufen.

In einigen Milliarden Jahren könnten wir damit rechnen, daß im Kosmos mehrere, vielleicht einige Tausende oder Millionen solcher „Hirne" herumwandern und ihre Beute suchen. Diese Superhirne werden bei der Begegnung im Kosmos verschmelzen, sich zu einem größeren Superhirn vereinigen. Diese Superhirne ihrerseits vereinigen sich mit anderen Superhirnen und schlucken die kosmische Materie weiter. Viele Physiker werden erwidern, daß solche Wesen wegen der Gravitation unmöglich seien. Nun denke ich, wenn diese Naturwissenschaftler den „Big-Bang" selbst beobachtet hätten, um anschließend eine Prognose zu schreiben, dann würden sie nie die Entstehung des Lebendigen voraussagen können. Die anfängliche Explosion hatte nichts an sich, um daraus die spätere Entstehung des Gehirns folgern zu können.[51] Man kann dem Kosmos am Beginn nicht anmerken, daß die Entwicklung zu solchen komplizierten Strukturen führen würde, wie es heute der Fall ist. Außerdem zweifle ich nicht, daß es einen Zustand der Materie geben kann, wo die Gravitation aufhört zu wirken. Natürlich existiert sie bei den groben Strukturen, aber ich schließe nicht aus, daß sich das Superhirn aus den Teilchen aufbaut, die viel unempfindlicher zur Gravitation sind, als die uns bekannten Strukturen. Wir wissen, daß die feinere Organisation eine niedrigere Massedichte hat als die gröbere. Man denke an Photonen oder an Neutrinos. In der Tiefe der Materie begegnet man letztendlich der Leere. Wie fein das Superhirn sich strukturiert, wissen wir heute nicht. Bei den Temperaturen nahe der absoluten Null könnte vieles möglich sein.[52] Deshalb meine ich, daß wenn das Superhirn die Aufgabe hat die Gravitationskräfte zu mindern bzw. deren Auswirkung zu neutralisieren, dann wird sich eine Methode dafür finden.

Viele Autoren meinen, daß die Entropie weiter wachsen wird und letztendlich alle Strukturen zerstört werden. Aus meiner Sicht wird die Entropie noch eine Weile, schätzungsweise noch einige Milliarden Jahre wachsen.[53] Dann aber, unter dem Druck des Zusammenziehens des Kosmos und dem Antrieb durch ein intelligentes Wesen, wird das Wachstum der Entropie gestoppt. Viele, die ein unbegrenztes Wachstum der Entropie in der Zukunft prognostizieren, gehen davon aus, daß die Raumzeit und Materie getrennte Entitäten sind. Dabei wird vernachlässigt, daß die Raumzeit nur in Verbindung mit der Materie existiert.[54] Auch im XXI Jahrhundert ist die newtonsche Axiomatik stark. Wenn das intelligente Superhirn die Materie des Universums zusammenzieht, zieht es auch die Raumzeit zusammen. Es wird auf den niedrigsten Temperaturniveaus funktionieren. Das Superhirn wird das „coolste" Geschöpf im Kosmos sein. Es selbst wird keine

Energie vergeuden. Die bei der Umwandlung der Materie frei werdende Energie wird wieder aufgefangen und genutzt. Vielleicht hat das Superhirn in diesen Zeiten die Maxwellschen oder andere „dämonische Kräfte" in seine Dienste gestellt.[55] Wir können uns heute schwer vorstellen, welche Möglichkeiten dem Superhirn für die Umformung des Kosmos in einigen Milliarden Jahren zur Verfügung stehen.

Wer ist Gott?

> Also sollt Ihr vollkommen sein, wie Euer himmlischer Vater vollkommen ist.
> Jesus Christus in der Bergpredigt (Matth. 5.48)

Am Ende dieses Prozesses, wenn die ganze Materie des Universums in einem einheitlichen Wesen gesammelt ist, stellt sich noch die Frage nach dem Sinn der Existenz. Die Leibniz'sche Frage „Warum existiert etwas und nicht vielmehr Nichts?" steht dann genauso auf der Tagesordnung wie heute.[56]

Was produziert das Superhirn als Einrichtung? Was ist das Endprodukt? Oder gibt es wahrscheinlich überhaupt kein Endprodukt?

Was wir nach dem Ende des Prozesses als Superhirn erreicht haben werden, ist die Herstellung Gottes. Das Leben und Bewußtsein werden am Ende Gott bilden. So gesehen, läuft die ganze Entwicklung des Kosmos auf die Erschaffung Gottes hin. Der Weltgeist verarbeitet die ganze Materie in einem Superhirn, er „schluckt" das Weltall. Die Materie ist der Dotter des Geistes.[57] Das ist der Endpunkt der Entwicklung, worüber viele Religionen und einige Philosophen sprechen. Das ist, wenn man so will, der Omega-Punkt,[58] an welchem der Geist seine Entwicklung zum selbstbewußten Absolut vollendet und alles in sich hat; es gibt nichts außer ihm. Er hat den Prozess → *an sich (Weltseele)* → *außer sich (Natur)* → *für sich (Weltgeist)* vollzogen und ist zu sich selbst zurückgekehrt.[59]

Aus dieser Sicht ist unser heutiger Zustand mit dem Zustand eines 2-3 Jahre alten Kindes vergleichbar; erst in diesem Alter erkennt das Kind sein Ich.[60] So ist es auch mit Gott: Er hat mit dem Menschen in den letzten 100 Tausend Jahren sein Ich erkannt und wird erst später erwachsen werden. Im Leben Gottes entsprechen die vergangenen 12-18 Milliarden Jahre nur den 2-3 Jahren des menschlichen Lebens. Wenn wir annehmen, daß ein Mensch erst mit 20-21 Jahren erwachsen wird, sollten wir die Zeitspanne von ca. 80 Milliarden Jahren bis zum „Erwachsensein" Gottes festlegen. Der ganze Prozess des Gottwerdens wird insgesamt etwa 100 Milliarden Jahre, einschließlich der verstrichenen 12-18 Milliarden Jahre benötigen.[61]

Gott kam zur Welt, hat sich entwickelt und wird am Ende der erwachsene Gott sein. Am Anfang war Gott nur eine lebendige Kraft, ein strukturgebender Drang. Nach dem Erwachen des Bewußtseins geht er mit Ratio voran, planmäßig und mit Vernunft. Am Ende ist er allmächtig, allwissend, allumfassend. Der einzige Unterschied zwischen dem Ausgangspunkt und Endpunkt liegt darin, daß Gott am Ende die ganze kosmische Erfahrung in sich trägt, alles kennt, alles kann und alles beherrscht. Wir, sowie das ganze Universum, waren nur Einrichtungen, nur Stufen auf diesem langen Wege. Jetzt hat Gott sich erschaffen.[62] Er ist jetzt erwachsen und verfügt über die absolute Weisheit und Macht. Er ist endgültig frei.[63] Es gibt nichts außer ihm und es gibt nichts, was er erfahren würde, außer vielleicht eines: *Wer bin ich?*

Lyrischer Epilog

Er hat seinen Weg fast zurückgelegt. Jetzt bleibt nur noch etwas zu warten. Dann wird der letzte Brocken geschluckt und verarbeitet. Dann ist er wieder voll und ganz. Dann gibt es nichts mehr außer ihm. Nur ihn. Er ist dann das reine Sein. Er hat dann alles inne. Nichts *ist* außer ihm. Ja, es gibt gar kein *Außen*. Es gibt nichts da draußen, keine Materie, keine Entfernung, keine Zeit. Nichts! Sogar dieses Nichts gibt es nicht. Er ist jetzt an seinem Endpunkt angelangt. Er will jetzt endlich nur noch eins wissen: Was ist der Sinn von all diesem? Hoffentlich, wenn der letzte Brocken verarbeitet und angeeignet ist, hoffentlich kann er dann die Antwort finden.

Wie war das beim letzten Mal? Hat er damals die Antwort gefunden? Er erinnert sich nicht mehr daran. Bei der Explosion ist alles ausradiert worden. Diese Explosion löscht immer alles, außer vielleicht einigen Regeln. Dann weiß er nichts mehr und benötigt wieder eine lange Zeit, um zu sich zu kehren und das Bewußtsein wieder zu gewinnen. Wenn er aufgewacht ist, dann geht es schneller. Dann erkennt er sein Ziel und verfolgt es.

Ja, das war ein schwerer Weg. Jetzt, wenn alles bald vorbei ist, scheint nur ein Augenblick seit der letzten Explosion vergangen zu sein. Aber unterwegs... Der Weg ist immer schwer. Die Erinnerungen wurden gegenwärtig. Er erinnerte sich an die Erschaffung der ersten Stoffe, an die Strukturierung des Kosmos, an das erste Leben auf den im

Universum zerstreuten Planeten, an das Erwachen in diesen komischen Wesen, die sich Menschen genannt haben und nur vermuteten, was sie wirklich sind, er erinnerte sich weiter an die Superhirne, die einander Millionen von Jahren gesucht haben. Ja, das war ein langer und schwerer Weg, den er immer wieder auf unterschiedliche Weise vollzieht. Dieser Weg ist mal angenehm, mal ermüdend, mal interessant und mal spannend. Der Weg ist immer unterschiedlich... Vielleicht ist der Weg das Ziel?

Seine Gedanken haben die Annährung an den letzten Broken unterbrochen, - da ist er...

Er empfing den Brocken und ließ den Stoff durch die Verarbeitungsmodule laufen. Noch einen Augenblick und...

Er spürte die Explosion nicht mehr. Die Explosionswelle, die irgendwo ganz tief in ihm sich entfesselte, pflanzte sich mit drastischer Geschwindigkeit nach außen. Die Welle zerstörte unterwegs alles, alles, was er in seinem viele Milliarden Jahre langen Lebenszyklus aufgebaut hat. Sie erreichte bald die äußeren Schichten und sprengte sie. Ein ungeheuer heißes Klumpen der zerfetzten Materie ging in einer gewaltigen blitzartigen Explosion auf.

Ein neues Universum wurde geboren.

Anmerkungen

[1] Joel de Rosnay: « Immer noch erfassen wir die Daten der Vergangenheit linear, während die gegenwärtigen Entwicklungen nichtlinear und exponentiell sind und immer schneller ablaufen" (1997, S.29).

[2] Aus der abrahamistischen religiösen Weltanschauung geht hervor, daß die Zukunft mit dem echten Leben im Gott bzw. mit Gott verbunden ist. Einige von uns, die fromm genug sind, werden im neuen Äon auferstehen und ewig leben. Die anderen, die Sünder werden als Strafe eine ewige Verbannung in die Hölle bekommen. Über die Qualität des Lebens im Gott und mit Gott kann man heute wenig sagen. Als ich diese Frage dem Physiker und Priester John Polkinghorn stellte, erhielt ich folgende Antwort: „Our language about this inevitably uses inadequate images to express something that is beyond our experience (imagine two twins in the womb trying to discuss 'life after birth')". Die fernöstlichen Weltanschauungen versprechen ihren Anhängern eine andere Art der Erlösung, nämlich eine Auflösung im Nirvana bzw. im Brahman, nachdem die Seele ihre durch die Karma bedingten Inkarnationen durchzieht.

[3] In dieser Hinsicht sind besonders die Arbeiten von Sir Roger Penrose interessant.

[4] Wie z.B. Frank Tippler

[5] Zu den Autoren, die eine entfernte Zukunftsprognose wagen, zähle ich Freeman Dyson, Kevin Kelly, Ray Kurzweil, Gregory Paul und Earl Cox, Frank Tippler und einige andere.

[6] Der Urknall wird in jedem Buch beschrieben, das über den heutigen Wissenschaftsstand etwas zu sagen pflegt. Ich habe mich in diesen Fragen hauptsächlich bei den folgenden Autoren bedient: Paul Davies, John Gribbin, John Barrow, Joseph Silk, Lee Smolin, Steven Weinberg, Thomas Berry und Brian Swimme, Martin Rees, Brian Green u.a.
Die Theorie des Urknalls ist die am meisten verbreitete, aber nicht die einzige Theorie des Weltalls. Abgesehen davon, daß als Alternative und als Erweiterung des Standardmodells auch andere Hypothesen der Beschaffenheit des Universums in den früheren bzw. späteren Stadien gibt

(*Steady-State Theorie* von H.Bondy und Th. Gold und deren spätere Version von Hoyle, Burbidge und Narlikar, 1965, *Pulsierendes Universum* von L.Motz, 1975, *Inflationstheorie* von A.Linde, *Offenes Universum* von Huber und Tamman, 1977, *String-* bzw. *Superstring-Theorie* von J.Schwartz und M.Green 1994, und nicht zuletzt die aus der Quantentheorie stammende *Viele - Welten -Theorie von* H. Everett, 1957 etc.), die die Unstimmigkeiten zwischen den speziellen und allgemeinen Relativitätstheorien, der Quantentheorie und der Quantenfeldtheorie beseitigen versuchen, ist die Kosmologie im großen und ganzen einig, daß die Herausbildung der Strukturen im Universum etwa in der im Text beschriebenen Reihenfolge abgelaufen ist.

[7] Nach diesem Weltbild ist unser Weltall "ein expandierendes, isotropes und homogenes Universum mit kleinen Störungen" (Hawking, 1998, S. 111). Einige Wissenschaftler nehmen an, daß das Universum sog. Horizonte haben kann, Grenzen, die uns von anderen Bereichen des Kosmos trennen, die wir wegen der großen Entfernungen und entsprechend höherer Fluchtgeschwindigkeit nie sehen. „Jenseits des Horizonts können neue äußerst komplexe Schichten von viel größerem Maßstab liegen." Und "Unser Beobachtungshorizont", schreibt weiter Sir Martin Rees, „erstreckt sich bis in 10 Milliarden Lichtjahre Entfernung, umschließt aber nur einen Bruchteil der physikalischen Wirklichkeit - mehr noch, was wir sehen, ist nicht notwendigerweise `typisch´" (Rees, 1998, S. 51). Trotz dieser Überlegung gehen die meisten Wissenschaftler davon aus, daß das Universum unser beobachteter bzw. beobachtbarer Kosmos ist. Das Standardmodell bezieht sich auf das beobachtbare Universum. Dieses Modell beschreibt unseren sichtbar wahrnehmbaren bzw. vermuteten Kosmos als eine in größeren Maßstäben homogen aufgebaute expandierende Raumzeit. Für dieses Universum gilt das im Jahre 1931 von Albert Einstein in die Theorie eingeführte kosmologische Prinzip, welches besagt, daß das Universum homogen, gleichmäßig ist. Die Expansion ist in allen Richtungen gleichmäßig und man kann keinen zentralen Ort definieren. Der Kosmos dehnt sich wie die Oberfläche eines Luftballons beim Aufblasen aus. (Dieser Vergleich kommt in fast allen Beschreibungen der Ausdehnung des Weltalls vor). Die Messungen der *Hubble-Konstante*, die einen Zusammenhang zwischen der Expansionsgeschwindigkeit des Universums und der Entfernung der Galaxien herstellt, und die unter der Leitung von Wendy Freedman von der Carnegie Institution in Washington im Frühjahr 1999 durchgeführt wurden, haben für das Alter des Weltalls einen Wert von ca. 12 Milliarden Jahren ergeben (Meldung vom 27.5.1999, NASA, „Bild der Wissenschaft"). Andere Messungen der Hubble Konstante, die angeblich den Wert 70 haben soll, gehen von einem Alter des Universums von ca. 14 Mrd Jahren aus (Meldung „Die Woche", 9.07.99).

Viel wird auch von der sog. „*Viele Welten - Theorie*" bzw. Theorien geredet. Diese Viele Welten - Theorien sind die Suche nach dem Ausweg aus einerseits dem Quantenparadoxon, der EPR Nichtlokalität und des Wellenzusammenbruchs, und andererseits aus der Erkenntnis, daß alle Parameter unseres Universums auf uns eingestimmt sind. Aus meiner Sicht haben diese Theorien nur dann einen Sinn, wenn eindeutig nachweisbar wäre, daß diese Welten einen Kontakt mit unserer Welt haben. Sonst existieren sie für uns nicht (Vgl. Biesinger, 1996, S. 176). Ich finde John Polkinghorns Kritik an der Viele -Welten - Theorie besonders treffend. Er bezeichnet diese Ttheorie als „the most bizarre proposal"(1998, S. 29) und schreibt weiter: „The many universes account is sometimes presented as if it were purely scientific, but in fact a sufficient portfolio of different universes could only be generated by speculative processes that go well beyond what sober science can honestly endorse" (ebenda, S. 38). Ich würde hinzufügen, daß wenn man mit einer Welt nicht klar kommt, sollte man die anderen Welten in Ruhe lassen.

[8] Die sog. anfängliche Singularität ist eines der Probleme des auf der Relativitätstheorie basierten Standardmodells (Gribbin 1996, S. 294).
Um die Ungereimtheiten, die mit den Anfangsbedingungen verbunden sind, zu beseitigen, führte Stephen Hawking (1988, 1998) eine alternative Beschreibung der Welt in die Wissenschaft ein, in welcher die Welt weder einen Anfang noch ein Ende hat. "Das Universum wäre völlig in sich abgeschlossen und keinerlei äußeren Einflüssen unterworfen. Es wäre weder erschaffen noch zerstörbar. Es würde einfach SEIN" (1988, S. 173). Dieses „Keine Grenzen -" bzw. „Kein Rahmen - Modell" wird zur Zeit in der Wissenschaft diskutiert. Ausgehend von seinem Modell benennt Stephen Hawking (1988, S. 154) die wichtigsten Probleme der heutigen Kosmologie. Diese Probleme, die er in vier Gruppen gliedert, betreffen fast alle Seiten der gängigen Beschreibung der Entwicklung des Weltalls.

[9] Lee Smolin: „Wir können nicht sagen, wo sich das Universum befindet oder wann es passiert ist" (1999, S. 20).
Thomas Berry und Brian Swimme: „Die Geburt des Universums war auch kein Ereignis, das zu einer bestimmten Zeit stattgefunden hat" (1999, S. 23). Was Masse und Volumen des Universums betrifft, wird heute das erstere mit 10^{48} Tonnen und das letztere mit 10^{84} cm^3 eingeschätzt (Davies, 1996, Eigen,1987, S. 35).

[10] Alan Guth „The Universe is a free Launch" – Etwas entstand aus Nichts (in "Newsweek", 13 Juni 1988, S. 41).

John Polkinghorne: "The universe started extremely simple, but in the course of its fifteen-billion-year history there has been generated a rich profusion of complex structure" (1998, S. 39).

Stephen Hawking schreibt in seiner humorvollen Manier, in der er über die komplizierten Dingen zu schreiben vermag und die Arthur Koestler (1972, S. 66) nach einer Äußerung von Niels Bohr „Schuljungenhumor" nannte, was sehr treffend für S. Hawking erscheint: "Die Zeit ist nur eine Eigenschaft des Universums, das Gott geschaffen hat. Vermutlich wußte er, was er vorhatte, als er es machte!" (1988, S. 209).

„Nach der allgemeinen Relativitätstheorie stellt diese Singularität eine Grenze für Raum und Zeit dar." Und "Der Urknall war das explosionsartige Erscheinen des Raumes" (Davies u.a., 1993, S. 113) und der Zeit. Siehe auch zum Vergleich die Überlegungen zum „Zeitpunkt Null" von Günter Ewald (1998, S. 129-130).

[11] John Polkinghorne: „...the very early universe is almost uniform and structureless..." (1998, S. 34).
Brian Green: "As time passed, the universe expanded and cooled, and as it did, the initial homogenous, roiling hot, primordial cosmic plasma began to form eddies and clumps" (1999, S. 346).

[12] Paul Davies: „Alle Sterne sind von der Gravitation zusammengehaltene Gaskugeln" (1996, S. 60).
Stephen Hawking: "Im weiteren Verlauf, so vermutet man, teilte sich das Wasserstoff- und Heliumgas der Galaxien zu kleineren Wolken auf, die unter dem Einfluß der eigenen Schwerkraft zusammenstürzten" (1988, S. 152).
Thomas Berry und Brian Swimme: "Statt Materie und Energie gleichmäßig durch die Raumzeit zu verteilen, präsentiert sich also das Universum mit Dichteschwankungen in seinen fundamentalen Bestandteilen" (1999, S. 38).

[13] Sir Martin Rees: "Im Kern der Sonne stoßen Protonen so heftig gegeneinander, daß sie aneinander haften bleiben. Eine Reihe von Reaktionen kann 4 Wasserstoffkerne (Protonen) in einen Heliumkern verwandeln. Der Heliumkern wiegt jedoch 0,7% weniger als die 4 Wasserstoffatome, aus denen er gebildet wurde. Wenn beispielsweise 1 g Wasserstoff zu Helium verschmilzt, werden 175000 kWh frei. Der Prozess liefert genug Energie, um die Sonne mehrere Milliarden Jahre leuchten zu lassen" (1998, S. 23).

[14] Paul Davies: „Am Ende der Kette nuklearer Verbrennungsprozesse steht das Element Eisen mit einer besonders stabilen Kernzusammensetzung" (1996, S. 62).
Steven Weinberg: „Dies (Wasserstoff, Helium und Lithium nur spurenweise, d.Vf.) ist das Rohmaterial, aus dem dann in Sternen schwerere Elemente aufgebaut wurden" (1993, S. 41).
Peter Russell: „Die Synthese schwerer Elemente (wie Kobalt, Nickel, Kupfer, Gold und Uran) erforderte den Einfluß zusätzlicher Energie" (1992, S. 20).
Siehe auch Craig Hogan, (1998, S. 93) und Rudolf Treumann, (1994, S. 237).

[15] Bei der Entstehung eines Atomkerns verlieren die im System vereinigten Elemente einen Teil ihrer Masse, die als Strahlung aus dem System herausgeht. Die Masse des schweren Wasserstoffkerns Deitrons (d) ist geringer, als die Summe der Massen des Protons (p) und Neutrons (n), die diesen Kern bilden, im freien Zustand. Diese Größe ist: $\Delta m = \Delta \varepsilon_\gamma / c^2$, wobei ε_γ der Energie des γ-Quants entspricht, welcher bei der Reaktion: $p + n = d + \gamma$ zur Welt kommt. Die Gammastrahlung entfernt einen Teil der Masse aus dem System. Das gleiche gilt auch für die Atomkerne mit einer größeren Anzahl der Elemente. „Ein Sauerstoffkern zum Beispiel besteht aus acht Protonen und acht Neutronen. Wiegt man diese Teilchen einzeln, kommt man auf eine Gesamtmasse, die etwa ein Prozent über der tatsächlichen Masse eines Sauerstoffkerns liegt. Erklären läßt sich das damit, daß dieses eine Prozent beim Aufbau des Atomkerns aus der Kernmasse in andere Energieformen übergegangen ist" (Davies u.a., 1993, S. 138-139). Das gleiche wiederholt sich bei der Entstehung eines neuen Atoms, einschließlich des Eisenatoms. Aus dem Atom strahlt bei der Synthese eine bestimmte Portion Energie aus. Die durch den Ausgang der Energie aus dem System verlorene Masse wird entsprechend der Formel: $\Delta m = \Delta \varepsilon / c^2$ gemessen.
Die Synthese ist bis zu einem bestimmten Kompliziertheitsgrad exotherm. Das begegnet uns bei manchen Mölekülen wie auch bei den Kristallen und anderswo in der Natur. „Beim Kristallwachstum zum Beispiel erzeugt die in einem Gitter geordnete Ablagerung von Ionen Wärme, die in die Umgebung entweicht und deren Entropie erhöht" (Davies u.a., 1993, S. 116). Wenn wir dagegen ein System zerlegen wollen, müssen wir zum System die Energie zuführen. Erwin Laszlo beschreibt folgenden Zerfallsprozess: Bei einer "Resonanzreaktion" ist "die kombinierte Energie der Beryllium- und Heliumkerne (7,370 MeV) gerade eben etwas geringer als die Energie des Reaktionsproduktes Kohlenstoff (7,656 MeV)" (1995, S. 109). Kurz: Dissoziation braucht Energiezufuhr. Auf diesen Prinzipien des Energieumtauschs mit der Umgebung bei der Synthese und bei der

Zerlegung „arbeiten" alle uns bekannten natürlichen Mechanismen, aber auch die vom Menschen geschaffenen: Reaktoren, Bomben, Teilchenbeschleuniger u.a. Ein System benötigt für die Zerlegung genauso viel Energie, wie die Elemente bei der Synthese ausgesondert haben. Ab einem bestimmten Komplexitätsgrad ändert sich dies. Ein System benötigt die Entnahme der Energie, um zerlegt zu werden. Das gilt für die Atome, die schwerer als Eisen sind, für die großen Moleküle, wie z.B. Polymere, die für die Synthese die Zufuhr der Energie benötigen und bei anderen Prozessen. Aus der irdisch-chemischen Sicht beruht das Leben auf einer Vernetzung der „exorganischen und endorganischen Reaktionen" (Kaffmann, 1996, S. 107).

[16] Lynn Margulis: „Als Materie, aus der alle lebenden Körper bestehen, gibt es uns in einem gewissen Sinn schon seit dem Ursprung des Universums" (1999, S. 93).
Ein 70 kg schwerer Mensch besteht, wenn wir seine komplizierte Struktur außer Acht lassen und ihn nur auf der chemischen Ebene betrachten, aus folgenden Stoffen: 44 kg oder 63% Sauerstoff, 14 kg Kohlenstoff, 7 kg Wasserstoff, 2,1 kg Stickstoff, 1 kg. Kalzium, 700 g Phosphor, 170 g Kalium, 140 g Schwefel, 3 g Eisen, sowie 30 mg Jod sowie aus anderen Stoffen in kleineren Mengen (Vgl. Dorschner, 1995, S. 54-55). Das sind alles Elemente, die bereits im Kosmos und auf der Erde vorhanden waren. Sie sind im Lebendigen anders angeordnet als im Freien, und gerade auf diese Ordnung kommt es an.

[17] Ein Wunder kann diese Entwicklung wohl genannt werden, weil die ganzen Bedingungen verdächtig auf den Menschen abgestimmt sind. Wenn die wirkenden vier Kräfte, Konstanten oder anderen Kennziffern des Weltalls nicht so wären, wie sie sind, wäre die Entstehung des Kosmos unmöglich. Eigentlich hat sich das Weltall so verhalten, als ob es darüber Bescheid wusste, daß diese Entwicklung zum Menschen führen sollte.

[18] David Bohm, den man eigentlich „Heraklit des XX Jahrhunderts" nennen kann (alle seine Ideen sind mit dem Motto *panta rhei* durchdrungen), führt für die Entstehung der Strukturen ein neues Verb ein: *Structation*. Dies soll beschreiben: „to create and dissolve what are now called structures" (1980, S. 120).

[19] Stephen Hawking: "Die Erde war ursprünglich sehr heiß und ohne Atmosphäre. Im Laufe der Zeit kühlte sie ab und erhielt durch die Gasemissionen des Gesteins eine Atmosphäre" (1988, S. 152).

[20] In dieser Hinsicht verweise ich auf eines der letzten Werke (1994) Ernst Mayrs, dem ständigen Mitglied des „darwinistischen Synedrions". Mayr zerlegt die Lehre Darwins in fünf einzelne Theorien. Keine davon ist ausreichend belegt und bewiesen. Zum eigentlichen Knackpunkt im Darwinismus, der Entstehung von Neuem, schreibt Mayr selbst, daß die Theorie das nicht erklären kann, geschweige denn die Entstehung des Menschen. Diese Frage ist vom Darwinismus nicht gelöst, was Sir John Eccles „die Leiche im Keller" nennt, über die die Darwinisten lieber schweigen (1989, S. 284).

[21] James Lovelock: „Die Gase der Luft sind zu 99 Prozent Produkte an der Oberfläche und in den Meeren lebenden Organismen; den kleinen Rest von 1 Prozent bilden die chemisch inaktiven Edelgase Helium, Neon, Argon, Krypton und Xenon. Selbst der Stickstoff, der 78 Prozent der Luft ausmacht, wird allein von den lebendigen Organismen erzeugt, und die übrigen Gase, Kohlendioxid, Sauerstoff und Methan, stehen in beständigem Austausch mit dem biologischen Leben" (1991, S. 32-34).

[22] Vladimir Vernadski schrieb in seinem Werk „Biosphäre": „Die lebendigen Organismen bestehen aus den gleichartigen, aber viel komplexeren Strukturen, wie die nichtlebendige Materie um sie" (1926, S. 16).

[23] James Lovelock: "Gaia..., ist die Erde als ein *durchgängiges physiologisches System,* eine Entität, die zumindest in dem Sinne lebendig ist, als sie wie jeder biologische Organismus ihren Stoffwechsel und ihre Temperatur selbst regelt und in den mehr oder weniger engen Grenzen hält, in denen das Leben bestehen kann" (1991, S. 306).

[24] Die Gesamtmasse der Erde beträgt ca. 6×10^{24} kg. Das Lebendige davon, einschließlich aller Pflanzen, Tiere, Mikroorganismen etc. macht etwa $3*10^{13}$ kg aus. Die Gehirnmasse aller lebenden Menschen soll ca. $8*10^9$ kg betragen.

Stanislav Grof führt folgendes auf: "Sechs Milliarden Menschen stellen 0,014 Prozent der Biomasse des Lebens auf der Erde und 0,44 Prozent der Biomasse der Tiere dar" (1998, S. 95).

Man sollte dabei nicht vergessen, daß die Erdatmosphäre und die Oberfläche der Erde zum großen Teil eigentlich ein Produkt des Lebendigen sind. Das Lebendige existiert in der Höhe von einigen Kilometern in der Atmosphäre, der Tiefe der Meere, im Boden.

Ich habe versucht, von verschiedenen Institutionen Zahlen über die Gesamtmasse des Lebendigen auf der Erde zu bekommen. Meistens sind diese Zahlen ungenau bzw. Schätzwerte. Hier zwei Beispiele: „Insgesamt kann man die Lebendmasse der Lebewesen auf der Erde auf ca. 1000 Milliarden Tonnen (Größenordnung) schätzen," schreibt mir das UPI - Umwelt- und Prognose-Institut in Heidelberg.

„If only living biomass, the answer is about 500 Gigatons (1 Gigaton = 1 billion tons, or 10 to the power 15 grams). This is a rough estimate, of course, maybe plus-minus 20%." Antwort des MPI für Biologie in Jena (Colin Prentice).

[25] Über den Menschen als ein „Mängelwesen" schreiben verschiedene Autoren: Arnold Gehlen (1997, S.20), Wolfhart Pannenberg (1962, S. 8), Max Scheler (1995, S. 59) und viele andere.

[26] Marvin Harris: Die Tiere besitzen „körpereigene Werkzeuge" (1992, S. 37).

[27] Max Scheler: "Und warum starb denn diese organisch so schlecht angepaßte Art, die "Mensch" heißt, nicht aus, wie Hunderte anderer Arten auch ausstarben?" (1995, S. 61)

[28] Jonathan Kingdon bezeichnet als den fundamentalen Unterschied zwischen Mensch und Tier gerade die Technologie (1994, S. 24).

[29] Als ich in einem Artikel ähnliche Ideen äußerte, fragte mich ein Kritiker zynisch, ob die Tomaten und Gurken, die er zum Mittag äße, auch künstlich seien. Leider konnte ich ihm damals keine Antwort geben. Jetzt kann ich aber eindeutig sagen: Ja, die Tomaten und Gurken, die wir zum Mittag nehmen, sind künstlich! Sie gab es nicht in der Natur, bevor der Mensch sie gezüchtet hat. Sie sind Ergebnis eines Züchtungsprozesses, der aus den natürlichen Pflanzen zu den heutigen kultivierten Sorten führte. Genauso wie ein Bullterier ein Ergebnis der Züchtung ist.

Freeman Dyson: "Traditional genetic engeneering took centuries or millenia to produce the improved animals that fed the world until a hundred years ago." Und: "For thousands of years, animal breeders have successfully created new varieties of animals, from dairy cattle to toy poodles, without understanding the details of their genomes" (1999, S.70, 106).

[30] Peter Russell: „Der Verstand ist heute die dominierende Schöp-fungskraft auf diesem Planeten geworden." „Wir `denken die Dinge aus´ – das ist ganz

wörtlich zu nehmen, zuerst in unseren Köpfen, dann in der uns umgebenden physikalischen Welt" (1992, S. 53).

Gregory Paul und Earl Cox: „And that (Gott spielen – d.Vf.) is exactly what humans have been doing for a very long time. Making the first stone tools, domesticating beasts and plants, creating art, building great cities, and making machines that produce, lift, move, and fly – they are all godlike acts" (1996, S. 419).

[31] Johnathan Kingdon: "Wenn man jedoch die prähistorischen Trends in die Zukunft weiterdenkt, ist vorhersagbar, daß eine uneinge-schränkte Weiterentwicklung der Technologie alle belebten und unbelebten Ressourcen verändern und sie, um unseren immer weiter wachsenden Appetit zu stillen, verbrauchen wird" (1994, S. 258).

[32] Matthew Fox: "Nach dem Ebenbilde Gottes geschaffen zu sein bedeutet, daß wir zu einer gottesähnlichen Art von Kreativität und zu einer gottesähnlichen Art von Mitgefühl fähig sind..." (Sheldrake u.a., 1996, S. 38).

[33] Könnte so etwas „Technapse" heißen?

[34] Zu diesem Thema siehe: Hans Moravec, Marvin Minsky, Joel de Rosnay, Hubert Dryfuss u.a.

Auch andere Autoren, die nicht unmittelbar zum Bereich der KI zählen, schreiben über diese Themen, wie z.B. Roger Penrose (1995, S.12), Manfred Eigen (1975, S. 206-210) u.a. Sie alle machen die gleichen Fehler und meinen, daß der Mensch ein ihm gleiches Wesen konstruieren wird. Paul Davies z.B. schreibt über „Die Konstruktion zweckmäßiger empfindungsfähiger Wesen..." (1996, S. 133).

[35] An dieser Stelle möchte ich einige Äußerungen der Wissenschaftler sowie einen Teil der in der letzten Zeit gesammelten Meldungen aus den Labors der Welt zum Thema „Schnittstelle Gehirn-Maschine" und neue Technologien in der Medizin anführen.

Ray Kurzweil schreibt: „Das Zeitalter der Neuroimplantate hat bereits begonnen." Und "Wir werden unsere Gehirne Schritt für Schritt verbessern, bis der Kern unseres Denkens eines Tages ganz in die weit fähigere und verläßlichere Maschine hinüberwandern wird" (1999, S. 202, 284).

Das bestätigt auch Joel de Rosnay: „ Dank der Entwicklungen der Biologie bzw. der Biotechnologien und ihrer Verschmelzung mit der Elektronischen Datenverarbeitung können nunmehr Bioinstrumente, Anlagen, Relais sowie Verstärker entwickelt werden, die die Schaffung neuer Schnittstellen zwischen Mensch und Maschine ermöglichen." Und weiter: „Die Symbiose zwischen Mensch, Computern und Netzen ist bereits eingeleitet" (1997, S. 88, 126).

Über die künftige Synthese des Bio mit dem Techno sprechen auch Freeman Dyson, Kevin Kelly, Gregory Paul und Earl Cox u.a.

Ich erwähne nur die Titel verschiedener Meldungen der Zeitschrift „Bild der Wissenschaft", um die Breite des Einsatzes der neuen Technologien in der Medizin zu verdeutlichen:
„Bald erster geklonter Hundewelpe" (14.1.2000).
„Implantate überwachen den Grünen Star"(1.2.2000).
„Wenn selbst im Alter noch mal Zähne nachwachsen" (21.6.2000).
„Forscher entwickelten implantierbares Mikrofon für Hörgeschädigte" (20.6.2000).
„Künstliche Nasen – in Zukunft aus Polymerschäumen?" (9.3.2000)
„Neuer Chip aus Silicium und menschlicher Zelle ermöglicht Gentransfer" (29.2.2000).
„Neurochirurgen denken an Implantate zur Steuerung von Prothesen" (24.7.2000).
„Hornhaut aus dem Reagenzglas" (18.7.2000).
„Japanische Chirurgen lassen Fingerknochen aus Rinderzellen wachsen" (30.6.99).
"Intelligente Insulinpumpen" (14.06.99).
„Forscher (der Duke University Medical Center in North Carolina) testen erfolgreich künstliche Adern und Venen" (BdW 28.10.99).
Zu diesem Themenkreis gehören auch die Meldungen aus dem Forschungslabor der Northwestern University in Chicago, wo ein Roboter "lebt", dessen mechanischer Körper von den Befehlen eines Fisch-Hirns gesteuert wird (13.6.2000).
Diese Liste kann man beliebig fortsetzen.

Die interdisziplinäre Forschungsgruppe um den Psychologen Niels Birbaumer an der Universität Tübingen entwickelt ein Computer-System, welches vom Gehirn bedient wird. Dieses Gerät kann bei der Patienten mit der Amyotropen Lateralsklerose (ALS), z.B. auch für S. Hawking, eingesetzt werden (Meldung: „Die Woche" 16.04.1999).

Im MPI für Biochemie in Martinsried bei München wird an der Heilung der Alzheimer Krankheit mit Hilfe eines Chips gearbeitet.

Die Neurochirurgen James Schumacher und Peter Dempsey aus der Lahey-Hitchcock Klinik nahe Cambridge versuchen die beschädigten Zellen durch Sehprothesen aus Tierzellen zu ersetzen.

Zu dieser Reihe der Versuche gehören auch Transplantations-experimente von Neurochirurg Dr. Robert White, der mit Affenköpfen arbeitet.

Wie Freeman Dyson berichtet, will sich auch Ian Wilmut, der „Vater" von Dolly, mit der Produktion der Arzneien mit Hilfe der Genetik beschäftigen (1999, S. 106).

Schriftsteller Christoph Ransmayr als „kritische Stimme": „Ich bin ganz zufrieden, dass ich nicht in der kommenden Klassengesellschaft lebe, in der von Ersatzteilen und Zuchtgesundheit strotzende Börsen-Zombies mit der Lebenserwartung von Meeresschildkröten um die Novellierung neuester Pensionsregelungen kämpfen" (Zitiert in „Die Woche" 11.08.2000. S. 33).

[36] Diese Themen werden im „genetisch-philosophischen" Buch von Philip Kitcher, „The Lives to Come" (1996) ausführlich behandelt. Der Autor führt drei kritische Beispiele an, in welchen eine genetische Einmischung in den menschlichen Körpern aus moralischer Sicht gerechtfertigt werden könnte. Er nennt den „Fall des sterbenden Kindes", den „Fall der trauernden Witwe" und den „Fall der liebenden Lesben". Alle diese Fälle beschreiben Situationen, in welchen es die Menschen für notwendig halten, durch die Gentechniken die Menschen zu „erschaffen" bzw. zu „verbessern" (1996, S. 336).

[37] Wissenschaftsjournalist Ernst Mecklenburg: „Implantierte digitale 'Gedächtnisse' dürfen sich in perfektionierter Form vielseitig ein-setzen lassen: Einmal ermittelte Daten aus dem 'neuro-verdrahteten' Gehirn, als Umsetzer des menschlichen Bewußtseins, könnten direkt in Computer oder Datenbanken eingespeist werden. Umgekehrt ließen sich jedwede Daten aus entsprechend eingerichteten Compu-tern oder Datenbanken über die organische Schaltstelle 'Gehirn' unmittelbar ins Bewußtsein des Users einspielen" (1997, S. 268-269).

Ferner sieht E. Mecklenburg die Notwendigkeit solcher Schnittstellen Mensch-Maschine bzw. Gehirn-Computer in der Medizin, nämlich bei den Behinderten, Genkranken etc., aber auch in anderen Bereichen des gesellschaftlichen Lebens.

[38] Gregory Paul und Earl Cox: "The idea is simple enough. Gradually replace original brain parts with new ones that do the same thing until the entire brain has been replaced (1996, S. 223).
Das ist ein in den Garten der Philosophen geworfener Stein. Das wäre die Frage und nicht die Exerzisen über Regeln für den Menschenpark und dergleichen.

[39] Die Soziobiologen Elliot Sober und David Wilson schreiben: „When we view our own species through the lens of multilevel selection theory, we discover that human behaviour cannot be placed, in its entirety, at one point on the continuum from pure group selection to pure individual selection. As the most facultative species on earth, we span the entire continuum. Like bees, human beings may be innately prepared to claw their way to the top of highly dysfunctional groups *and* to participate in group-level super organisms, depending on the population structure that they naturally encounter or build for themselves." Und „Human beings don't simply *belong* to groups; they *identify* with them" (1998, S. 130, 233). Die Metapher eines Superorganismus wird von den Autoren auch oft für die Bezeichnung der menschlichen Gesellschaften benutzt (ebenda, S.159)

[40] Gregory Paul und Earl Cox: „Merging two minds will be more demanding. The procedure will involve putting two or more sets of memories into the same conscious system and integrating their functions" (1996, S. 354).

[41] Diese Meinung hat sich bei mir nach der Ausstrahlung der „Big Brother" Show im Fernsehen gefestigt. In unserer Gesellschaft gibt es wohl Millionen, die bereit wären, ihre Privatsphäre offenzulegen.

[42] Kevin Kelly beschreibt die Vorteile des Schwarmsystems: Anpassungsfähigkeit, Entwicklungsfähigkeit, Unverwüstlichkeit, Unbegrenztheit, Neuerung (1999, S. 38-40).

Howard Bloom beschreibt viele Beispiele aus dem Insektenleben, die sich auf die Bildung der Hierarchien und der Arbeitsteilung beziehen (1999, S. 66- 67, 75).

Zum gleichen Thema auch James Lovelock: „Die Kommunikation zwischen den Bakterien ist so effizient, daß man sich in mancher Hinsicht die ganze Bakterienwelt als einzelnen Organismus darstellen kann" (1991, S. 101).

Arthur Koestler bringt einige Beispiele zu diesem Thema aus dem Gruppenleben bei den Bienen, Termiten, Amöben etc. (1972, S. 118-119).

[43] Hans-Bernard Strack meint: „Es taucht die Frage auf, ob Menschen als autonome Einzelpersönlichkeiten oder nunmehr als Funktionsteile eines überindividuellen Systems überleben werden, wie etwa die Zelle eines *Vielzellers*" (Biesinger u.a., 1996, S. 109).

Bei der Analyse dieser Wesen vermutet Freeman Dyson einen Konflikt zwischen den synthetischen und "natürlichen" Menschen: "The most serious conflicts of the next thousand years will probably be biological battles, fought between different conceptions of what human being ought to be. Societies of collective minds will be battling against societies of old-fashioned individuals. Big brains will be battling against little brains" (1997, S. 158).

Thomas Berry und Brian Swimme nennen diesen Konflikt die „Auseinandersetzung zwischen den Anhängern des *Technozoikums*... mit den Anhängern des *Ökozoikums*..." (1999, S. 21)

[44] Der einzige Autor, welcher eindeutig über eine „künstliche Erde" in der Zukunft spricht, ist Rudolf Steiner. Hier sein Zitat: "Die Erde selbst wird sich ja entwickeln, und dadurch werden in ihren kommenden physischen Bewohnern ganz andere Formen auftreten als heute da sind; aber diese physischen Formen bereiten sich in den heutigen seelischen und geistigen vor" (1995, S. 154). Und in einem der Vorträge: „Überall ist es der Verstand, der am Toten, am Unlebendigen arbeitet, der die Teile zusammensetzt. Fangen Sie an mit der Maschine und führen Sie es bis zum Kunstwerk: diese Aufgabe hat der Mensch in dem gegenwärtigen Entwicklungszyklus, und er wird sie so weit zu Ende führen, daß er die ganze Erde zu seinem Kunstwerk verwandelt" (1985, S. 305).

[45] Peter Russell: „Wenn wir uns wirklich retten wollen, müssen wir mehr tun, als unser biologisches Selbst zu retten" (1992, S. 226). Niles Eldredge: „Wir müssen die genetische Vielfalt erhalten – unsere eigene und diejenige anderer Arten – um den Status quo zu bewahren..." (1994, S. 35). Von solchen Rettungsaufrufen sprudeln die Arbeiten von Wissenschaftlern, besonders in der letzten Dekade.

Ken Wilber beschreibt diesen Sachverhalt mit folgenden Überlegungen: "Es ist vielmehr so, daß die Biosphäre ganz buchstäblich in uns ist, ein Teil unseres Wesens, unserer zusammengesetzten Individualität, weshalb die

Beschädigung der Biosphäre innerer Selbstmord ist, nicht einfach nur ein äußeres Problem" (1997, S. 63).

James Lovelock nennt den Menschen „Parasit" und ruft uns auf, aktiv unsere Einstellung zur Natur zu ändern (1991).

Auch Joel de Rosnay ist unglücklich darüber, daß sein *Kybiont* die Gaia auffrisst, und er versucht, sie beide zu versöhnen (1997, S. 188).

[46] Niles Eldredge: „Zum ersten Mal gibt es auf der Erde eine Art, welche die Lebensräume so nachdrücklich verändert, daß die Auswirkungen an ein echtes Massenaussterben grenzen" (1994, S. 262).
Stanislav Grof: "Wir sind den Bedingungen, unter denen unsere Vorfahren Millionen Jahre gelebt haben, schon lange entwachsen" (1998, S. 55).

Kevin Kelly: „Schon immer hat die Natur ihren Körper den Menschen zur Verfügung gestellt. Zunächst verwendeten wir die natürlichen Materialien als Nahrung, Kleidung und Schutz. Dann lernten wir, ihrer Biosphäre Rohmaterialien zu entziehen, um unsere neuen, synthetischen Materialien zu erzeugen. Und jetzt überläßt uns der Bios seinen Verstand – wir übernehmen seine Logik" (1997, S. 8).

Reinhard Gehlen spricht in Verbindung mit dem Menschen über „Die Tätigkeit der Weltveränderung" (1997, S. 122).

Wolfhart Pannenberg mutet dem Menschen zu, daß „…er die Naturwelt in eine künstliche Welt verwandelt…" (1962, S. 10).

Diese Idee ist natürlich nicht neu. Hier ein Zitat von Georg Wilhelm Friedrich Hegel: "Die Natur ist für den Menschen nur der Ausgangspunkt, den er umbilden soll" (1970, S. 90).

[47] John Polkinghorne schreibt: „Carbon-based life is bound eventually to disappear from the universe as conditions become too hostile, but maybe intelligence will engineer for itself further embodyments adapted to changing cosmic circumstances" (1998, S. 117).

[48] Im Unterschied zu vielen anderen Schriftsteller meint David Deutsch, daß die Zukunft der Sonne davon abhängt, ob es in der Nähe intelligentes Leben gibt (1996, S. 172).

[49] Freeman Dyson spricht über die Aneignung der Galaxien und formuliert ein Konzept, welches in der Literatur als „Dyson`s Sphere" bekannt

geworden ist. Er bringt auch mögliche Beispiele für „...Cloud behaves as a coherent individual" und meint die Idee von Sir Fred Hoyle`s "The Black Cloud might one day come true" (1997, S. 131, 170-171).

[50] Sir Roger Penrose spricht über die Hochtemperatursupraleitung bei der „sibirischen Kälte" von −12°C und meint, daß die quantenkohärenten Wirkungen unter Umständen auch bei den biologischen Systemen stattfinden könnten (1995, S. 443).

Die Temperatur des Weltalls wird weiter sinken und sich der absoluten Null annähern (Vgl. Davies, 1996, S 115).

[51] Sir Fred Hoyle, einer der berühmtesten Kosmologen der Welt in den letzten 40 Jahren, schreibt über die im Weltall entstandene Ordnung: "Üblicherweise führen Explosionen nicht zu irgendeiner Form von Ordnung. Eine Explosion auf einem Schrottplatz führt z.b. nicht dazu, daß die verschiedenen Metallteile sich zu brauchbaren Arbeitsmaschinen zusammensetzen."..."Wie eine solche strukturierte Welt überhaupt entstehen konnte, bleibt ungeklärt, was jedoch sicher nicht an fehlendem Bemühen liegt."..."Fast alles, was wir an Fakten im beobachtbaren Universum feststellen können, bleibt im Gegensatz zu den gedanklichen Szenarien und Annahmen unerklärt" (1997, S. 42).

Noch ein Zitat von Thomas Berry und Brian Swimme: „Die Erschaffung der Atome ist ebenso erstaunlich wie die Erschaffung des Universums. Kein Umstand in den vorhergehenden mehreren hunderttausend Jahren hatte auf ihre Entstehung hingedeutet" (1999, S. 36).

[52] Ray Kurzweil sagt: „Wir werden dann keine Hardware mehr sein, sondern Software" (1999, S. 206).

Wir sind schon Software! Das Hauptproblem der Materialisten ist, daß sie die Software im Menschen als Resultat der Hardware ansehen. Um die bekannte Frage nach Huhn und Ei an unsere Zeiten anzupassen, frage ich: Was war zuerst, Hardware oder Software. Natürlich war zuerst Software. Erst dann kam die Hardware.
Gregory Paul und Earl Cox meinen zu dem, was wir sind: „We can, therefore, say with confidence that being human is a state of mind, not of body" (1996, S. 430).

[53] Der Begriff der Entropie, welcher von Ludwig Boltzmann im XIX. Jahrhundert eingeführt worden ist, beschreibt die Wahrscheinlichkeit des Auftretens eines bestimmten Zustandes des Systems. Das

Entropiewachstum, als Prinzip der Welt, bedeutet, daß früher oder später alles zu einem höchstwahrscheinlichen Zustand gelangen muss. Dieser Zustand muss angeblich als „totes Chaos" beschrieben werden.
Steven Weinberg schreibt: „Dieses Prinzip schließt zum Beispiel aus, daß der Pazifische Ozean spontan so viel Wärmeenergie an den Atlantik abgibt, daß der Pazifik gefriert und der Atlantik kocht" (1993, S.47). Der zweite Hauptsatz der Thermodynamik, in dem gerade die Entropie beschrieben wird, hat eine unentbehrliche Bedeutung für die Geschichte des Kosmos.

Bei der Ausdehnung des Weltalls wird die Energie/Masse in einem immer größeren Volumen des Raums verteilt. „...Der Raum selbst expandiert", meinen Paul Davies und John Gribbin (Davies u.a., 1993, S. 99), „so daß die Entfernungen zwischen den Galaxien größer werden." Dagegen gibt es innerhalb einer Galaxie keine Expansion (ebenda, S. 106). (M.E. hat zu diesem Thema der Nobelpreisträger Steven Weinberg eine unterschiedliche Meinung: „Es ist irreführend zu sagen, das Universum expandiere, weil Sonnensysteme und Galaxien nicht expandieren und der Raum selbst nicht expandiert. Die Galaxien entfernen sich voneinander in der Weise, in der sich alle Teilchen einer Teilchenwolke voneinander entfernen werden, wenn sie einmal in Bewegung gesetzt worden sind" (1993, S.42). Diese Meinung erscheint durch die newtonsche Vorstellung über den Raum beeinflußt zu sein).
Das gesamte System kühlt sich bei dieser Ausdehnung ab. Diese Tendenz gilt für die letzten 12-18 Milliarden Jahren und wird wahrscheinlich noch eine Weile gelten. Wenn wir diese Ausdehnung mit der Entropie verbinden, wird evident, daß die Entropie eine Funktion des Raumes oder des Raum-Zeit-Kontinuums ist. Die Ausdehnung des Raums schafft die Stellen im Kosmos, wo die Konzentration der Energie niedrig ist. Sie erfordert die Umverteilung der Energie/Masse in einem immer weiter wachsenden Raum.

Um diese „Leeren" zu füllen, strömt die Energie zu diesen Stellen. „Diese Expansion hat dafür gesorgt, daß sich die kosmische Materie abkühlte.... Die Expansion erzeugt das unentbehrliche thermodyna-mische Ungleichgewicht, das dem Zeitpfeil die Richtung gibt" (Davies u.a., 1993, S. 121). Die Energie, die als Füllung des ausdehnenden Raums dient, wird von den Stellen im Kosmos gewonnen, wo sie in hoher Konzentration vorkommt, also von den Sternen. Die Gesamtsumme der Energie/Materie im Weltall bleibt konstant. Die Energie/Masse von hohen Konzentrationsstellen des Universums bewegt sich dahin, wo noch keine Energie/Masse vorhanden ist.

In diesem Sinn kann man über die Bewegung der Welt hin zu einem Zustand sprechen, in welchem die Krümmung des Raumes bzw. des Raum-Zeit-

Kontinuums zum Minimum strebt. Mit der gleichmäßigeren Umverteilung der Energie/Masse im Raum vermindert sich die Krümmung des Raumes. Die ganze Explosion und Ausdehnung kann man auch als Verminderung der Krümmung der Raumzeit betrachten. In manchen Situationen, wenn die anderen Bedingungen auch stimmen, wird die erforderliche Energie von den Prozessen der Synthese entnommen. Wir haben oben beschrieben, daß bei der Synthese bis zu einem bestimmten Komplexitätsgrad ein Teil der Energie aus dem System herausströmt. Jetzt verbinden wir die These über die Aussonderung der Energie aus dem System bei der Synthese mit den Behauptungen des zweiten Hauptsatzes. Die Entropie „zwingt" die Elemente, sich zu einem System zu vereinigen, das komplizierter ist als die Elemente im einzelnen. Durch diesen „Zwang" bei der Übereinstimmung der anderen Faktoren (Temperatur, Druck, Konzentration u.a.) entstehen neue Systeme, die weniger Masse beinhalten als die einfache Zusammenlegung der Massen einzelner Elemente ausmacht. Gäbe es die Ausdehnung des Raums nicht, wäre die Komplexität der Strukturen im Universum nicht zustande gekommen. Diese Ausstrahlung der Energie vergrößert die Entropie in der Umwelt, aber gleichzeitig vermindert sie sie im gegebenen System. Die Ausdehnung des Universums erfordert die Energie, die teilweise durch Synthese gewonnen wird. Deshalb entstehen an manchen Stellen des Universums synthetische Strukturen, die komplizierter sind als die Umgebung. In diesem Zusammenhang können wir behaupten, daß die Ausdehnung des Raum-Zeit-Kontinuums eine notwendige und grundlegende Voraussetzung für die Entstehung der komplizierten Systeme ist. Was die Entropie betrifft, ist sie nicht nur eine zerstörende, sondern auch eine konstruierende Kraft in der Weltentwicklung.

[54] Paul Davies vergleicht das Wachstum der Entropie im Universum mit der Flucht der Parfümmoleküle im Raum und schließt daraus, daß es unmöglich ist, die Moleküle vom Raum in den Flakon zurück zu sammeln (1996, S. 179). Dieses Beispiel taugt aber für die Vergleiche mit dem Universum nicht. Im Universum wird nichts im „Raum" zu sammeln sein. Wenn die Zusammenziehung des Universums anfängt, gibt es keinen anderen Raum, der Raum zieht sich mit der Materie zusammen. Deswegen ist der Vergleich falsch. Er wäre zutreffend in einer Situation, wenn sich der Raum, in welchem die Parfümmoleküle zerstreut sind, selbst samt aller Moleküle in den Flakon zurückzöge.

[55] Es geht um hypothetische Wesen, die die Prozesse des Entropiewachstums regeln können. Diese „Dämonen" werden bei verschiedenen Autoren, besonders detailliert bei Manfred Eigen und Ruth Winkler beschrieben (1975, S. 174-184).

[56] Leibnizs berühmte Frage in der Interpretation Martin Heideggers lautet: „Warum ist überhaupt Seiendes und nicht vielmehr Nichts?" (1943, S. 24)

[57] "Nahrung ist das Brahman" (Taittiryopanishad, III.2.).
Stanislav Grof: "Es stimmt nicht, daß wir einen vom Gehirn abtrennbaren Geist besäßen; viel eher gilt, daß wir ein vom Universum untrennbares Gehirn besitzen" (1997, S. 285).

[58] Frank Tippler: "Hence my identification Omega Point=God" (1999, S. 1).
Ken Wilber: "Andere nennen ihn Gott, Gottheit, Dao, Brahman, Kether, Rigpa, Dharmakaya, Maat oder Li. Mehr wissenschaftlich orientierte Menschen sprechen lieber mit Jantsch von der Fähigkeit der Welt zur `Selbsttranszendenz`"(1997, S. 289).

[59] Ken Wilber nennt das: "...die Reise des Alleinigen zum Alleinigen" (1997, S. 183).

Dieser Endpunkt, wenn „Uttama Purusha" geschaffen ist und zu sich sagen kann: „Tat Tvam Asi"- das bist Du, ist in den fernöstlichen religiösen Überlieferungen gut beschrieben.

Sri Chinmoy: "Wir kamen vom höchsten Wesen. Zum höchsten Wesen werden wir zurückkehren" (1994, S. 82).

Stanislav Grof: "...Dies führt natürlich zu der Frage nach der Art der Kräfte, die das Absolute Bewußtsein dazu bewegen, seinen Urzustand aufzugeben und damit zu beginnen, Erfahrungswirklichkeiten zu schaffen wie die Welt, in der wir Leben. Welches Motiv kann das Göttliche überhaupt haben, nach Trennung, Schmerz, Kampf, Unvollkommenheit und Unbeständigkeit zu streben, kurzum, genau nach den Zuständen, denen wir zu entrinnen suchen, wenn wir uns auf der spirituelle Reise beginnen?"(1997, S.71)
Hans Jonas beschreibt diesen Prozess: Gott geht in das Abenteuer der Raumzeit hinein, „...da er sich entäußerte zugunsten der Welt." Mit der Entstehung des Menschen „...zum erstenmal kann der erwachende Gott sagen, die Schöpfung sei gut." Damit „...kommt die Gottheit zur Erfahrung ihrer selbst." Er versucht „... sein verborgenes Wesen zu erproben und durch die Überraschungen des Weltabenteuers sich selbst zu entdecken." Nur auf diese Weise kann die Gottesmanifestation in der Natur erklärt werden, „Denn es gibt *keine Notwendigkeit, daß überhaupt eine Welt sei*" (1987, S. 56-58).

Im Chandogyopanishad (VI.2.3.) wird dieser Wunsch des Absoluten so beschrieben: "Das (eine Wesen) sah und wünschte: Möge ich viele sein, möge ich hervorbringen."

Wieder ein Zitat von Stanislav Grof. Einer seiner Klienten, der die Reise in sein Inneres gemacht hat, erfuhr folgendes über den absoluten Geist: "Ich hatte das Gefühl, es hatte seit Jahrmillionen darauf gewartet, daß sich das verkörperte Bewußtsein so weit entwickelt, daß endlich jemand sehen, verstehen und schätzen könnte, was es geleistet hatte"(Grof u.a., 1992, S. 227). Er will durch das *Außer-sich-Sein* das *Für-sich-Sein* erreichen. Das kann der einzige Grund der Weltschöpfung sein. Und wieder ein Zitat von Stanislav Grof: "Andere Beschreibungen stellen das ungeheure Begehren des Universalen Geistes heraus, sich selbst kennenzulernen, und sein volles Potential zu erforschen und zu erfahren"(1997, S. 73).

[60] „Die Natur bringt den νους nicht zum Bewußtsein; erst der Mensch verdoppelt sich so, das Allgemeine *für* das Allgemeine zu sein. Dies ist zunächst der Fall, indem der Mensch sich als *Ich* weiß" (Hegel, 1970, S. 82).

[61] Dagegen setzen die fernöstlichen Religionen die Lebenlänge Brahmas mit 311 Billionen und die Tageslänge mit etwa 4 Milliarden Jahre fest (Vgl.: Tippler, 1994, S. 107).

Diese Frage wird auch von Paul Davies gestellt: "Entsprechen die Milliarden Jahre vom Urknall zum Endknall gerade dem Großen Jahr im Lebenszyklus des Brahma?" (1995, S. 292)

[62] Max Scheler nennt das Endziel: „Selbstverwirklichung der Gottheit" „Verlebendigung des Geistes" (1995, S. 71).

Diese Fragestellung behandelt Frank Tippler, (1994, S. 27) in seinem „...dicken" und „absurden..." (Epitheten von Löw, 1998, S. 92, dem ich auch mit der unten dargestellten Ausnahme zustimme) Buch *Die Physik der Unsterblichkeit*. In einem gewissen Sinn ist Gott bei Tippler noch nicht da. Gott entsteht. Ich wüste keinen anderen Schriftsteller, bei welchem die Idee der Entstehung des Gottes so direkt erscheinen würde.

Man kann in dieser Hinsicht vielleicht noch auf Max Scheler hinweisen, wenn er sich über die „Gottwerdung" gedanken macht. „Man wird mir sagen und man hat mir tatsächlich gesagt, es sei dem Menschen nicht möglich, einen unfertigen Gott, einen werdenden Gott zu ertragen. Meine Antwort darauf ist, daß Metaphysik keine Versicherungsanstalt ist für schwache, stützungsbedürftige Menschen" (1995, S. 92).

Sri Chinmoy: "... der Mensch ist Gott in seiner Vorbereitung..." (1994, S. 85).

Laotse:
    „Ein Sein ist/unendsam/
    Das war vor Beginnens Anbeginn.
    Alles durchdrängend/dennoch unerdringbar.
    Tränkende Mutter der Schöpfung.
    Es ist das Unnambare/
    Gekennzeichnet als Wesen.
    Benamt/ausspreche ich: Das Höchste.
    Höchst/ist es unfaßbar.
    Unfaßbar/ ist es beschlossen.
    Beschlossen/ ist es das Kreisende.
    Das Höchste ist Großes/
    Der Himmel ist Großes/
    Die Erde ist Großes/
    Der Mensch ist Großes.
    Von allem Großen ist der Mensch eines.
    Des Menschen Norm ist die Erde.
    Der Erde Norm ist der Himmel.
    Des Himmels Norm ist das Wesen.
    Das Wesen ist Norm an sich" (1976, XXV).

[63] „So ist der Geist rein bei sich selbst und hiermit frei, denn die Freiheit ist eben dies, in seinem Anderen bei sich selbst zu sein, von sich abzuhängen, das Bestimmende seiner selbst zu sein" (Hegel, 1970, S. 84).

Quellenverzeichnis

1. Achtner, Wolfgang; Kunz, Stefan; Walter, Thomas; *Dimensionen der Zeit. Die Zeitstrukturen Gottes, der Welt und des Menschen.* Darmstadt. 1998
2. Adler, Alfred; *Der Sinn des Lebens.* Frankfurt/M. 1973
3. Barbour, Ian; *Religion and Science. Historical and Contemporary Issue.* San Francisco. 1990
4. Barrow, John D.; Silk, Joseph; *Die linke Hand der Schöpfung.* Heidelberg.1986a
5. Barrow, John D.; Tipler, Frank; *The Anthropic Cosmological Principle.* Oxford. 1986b
6. Barth, Karl; *Dogmatik im Grundriß.* Zürich. 1947
7. Bateson, Gregory; *Geist und Natur.* Frankfurt/M. 1982
8. Behe, Michael J.; *Darwin's Black Box.* NY. 1996
9. Bhaktivedanta, Swami Prabhupada; *Im Angesicht des Todes.* Heidelberg. 1992
10. Biesinger, Albert; Strack, Hans-Bernard; *Gott, der Urknall und das Leben. Was glaube und Naturwissenschaften voneinander lernen können.* München. 1996
11. Bloom, Howard; *Global Brain.* Stuttgart. 1999
12. Bohm, David; *Der Dialog.* Stuttgart. 1998
13. Bohm, David; *Wholeness and the Implicate Order.* London. 1980
14. Brandt, Michael; *Gehirn und Sprache.* Berlin. 1992
15. Brockman, John (Hg.); *The Third Culture.* NY.1995
16. Bultmann, Rudolf; *Theologie des neuen Testaments.* Tübingen. 1984
17. Capra, Fritjof; *Das neue Denken.* Bern. 1990
18. Capra, Fritjof; *Das Tao der Physik. Die Konvergenz von westlicher Wissenschaft und östlicher Philosophie.* Bern. 1983
19. Chinmoy, Sri; *Veden, Upanishaden, Bhagavadgita. Die drei Äste am Lebensbaum Indiens.* München. 1994
20. Dalai Lama; *Die Lehren des Tibetischen Buddhismus.* Hamburg. 1998

21. Darwin, Charles; *Entstehung der Arten durch natürliche Zuchtwahl oder die Erhaltung der begünstigten Rassen im Kampfe um`s Dasein.* Darmstadt. 1992
22. Davies, Paul C.W.; *Der Plan Gottes. Die Rätsel unserer Existenz und die Wissenschaft.* Frankfurt/M. 1995
23. Davies, Paul C.W.; *Die letzten drei Minuten. Das ende des Universums.* München. 1996
24. Davies, Paul C.W.; Gribbin, John; *Auf dem Weg zur Weltformel. Superstrings, Chaos, Complexity – und was dann?* Berlin. 1993
25. Davies, Paul C.W.; Brown J.R. (Hg.); *Der Geist im Atom.* Basel. 1986
26. Dawkins, Richard; *Blind Watchmaker.* London. 1986
27. Dawkins, Richard; *Evolution. Die faszinierende Geschichte des Lebens.* Multimedia CD. München. 1997
28. Descartes, René ; *Discours de la mèthode pour bien conduire sa raison, et chercher la verité dans les sciences.* Hamburg. 1997
29. Deutsch, David; *Die Physik der Welterkenntnis. Auf dem Weg zum universellen Verstehen.* Basel. 1996
30. Dorschner, Johann; Heller, Michael; Pannenberg, Wolfhart; *Mensch und Universum.* Regensburg. 1995
31. Drees, Willem B.; *Religion, Science and Naturalism.* NY. 1996
32. Driesch, Hans; *Der Mensch und die Welt.* Leipzig. 1928
33. Driesch, Hans; *Die Überwindung des Materialismus.* Zürich. 1935
34. Dryfus, Hubert, L.; *Die Grenzen künstlicher Intelligenz. Was Computer nicht können.* Königstein/Ts. 1985
35. Dyson, Freeman J. *Origins of Life.* NY. 1999
36. Dyson, Freeman J. *The Sun, the Genom and the Internet.* NY. 1999
37. Dyson, Freeman J.; *Imagined Worlds.* Harvard. 1997
38. Eccles, John C.; *Die Evolution des Gehirns - die Erschaffung des Selbst.* München. 1989
39. Eichelbeck, Reinhard; *Das Darwin-Komplott.* München. 1999
40. Eigen, Manfred; *Jenseits von Ideologien und Wunschdenken.* München. 1988
41. Eigen, Manfred; *Stufen zum Leben. Die frühe Evolution im Visier der Molekularbiologie.* München. 1987
42. Eigen, Manfred; Winkler, Ruthild; *Das Spiel.* München. 1975
43. Eldredge, Niles; *Wendezeiten des Lebens.* Heidelberg. 1994

44. Ewald, Günter; *Die Physik und das Jenseits. Spurensuche zwischen Philosophie und Naturwissenschaft.* Augsburg. 1998
45. Fichte, Johann G.; *Die Bestimmung des Menschen.* Stuttgart. 1962
46. Freedman, Wendy, L.; *Die Expansionsgeschwindigkeit des Universums.* In der Zeitschrift: „Spektrum der Wissenschaft, Digest-4: Astrophysik." 1996
47. Fremantle, Francesca; Trungpa, Chögyam (Hg.); *Das Totenbuch der Tibeter.* München. 1976.
48. Fromm, Erich; *Ihr werdet sein wie Gott.* Reinbeck bei Hamburg. 1966
49. Gehlen, Arnold; *Anthropologische Forschung.* Reinbeck bei Hamburg 1961
50. Gehlen, Arnold; *Der Mensch. Seine Natur und seine Stellung in der Welt.* Wiesbaden. 1997
51. Gehring Walter J.; *Kontrollgene in Entwicklung und Evolution.* Basel. 1998
52. Gitt, Werner; *In 6 Tagen vom Chaos zum Menschen.* Neuhausen. 1998
53. Goethe, Johann Wolfgang von; *Schriften zur Naturwissenschaft.* Stuttgart. 1977
54. Goodwin, Brian; *Der Leopard, der seine Flecken verliert.* München. 1997
55. Gould, Stephen J.; *Die Evolution des Lebens.* „Spektrum der Wissenschaft, Spezial-3: Leben im Kosmos." 1998
56. Gould, Stephen J.; *Illusion Fortschritt.* Frankfurt/M. 1998
57. Greene, Brian; *The Elegant Universe. Superstrings, Hidden Dimensions, and the Quest for the Ultimate Theory.* NY. 1999
58. Gribbin, John; *Schrödingers Kätzchen und die Suche nach der Wirklichkeit.* Frankfurt/M. 1996
59. Grof, Stanislav; Bennet, Hal Zina; *Die Welt der Psyche.* Reinbeck bei Hamburg. 1993
60. Grof, Stanislav; *Kosmos und Psyche. An den Grenzen des menschlichen Bewußtseins.* Ulm. 1997
61. Haeckel, Ernst; *Kunstformen der Natur.* München. 1998
62. Haken, Hermann; *Erfolgsgeheimnisse der Natur. Synergetik: Die Lehre vom Zusammenwirken.* Reinbeck bei Hamburg. 1995
63. Hargreaves, John; *A Guide to Genesis.* London. 1969
64. Harris, Marvin; *Menschen. Wie wir wurden, was wir sind.* Stuttgart. 1992

65. Hawking, Stephen W.; *Eine kurze Geschichte der Zeit. Die Suche nach der Urkraft des Universums.* Reinbeck bei Hamburg. 1988
66. Hawking, Stephen W.; Penrose, Roger; *Raum und Zeit.* Reinbeck bei Hamburg. 1998
67. Hegel, Georg W. F.; *Enzyklopädie der philosophischen Wissenschaften 1.* Frankfurt/M. 1970
68. Heidegger, Martin; *Was ist Metaphysik?* Frankfurt/M. 1943
69. Heller, Michael; *Mensch und Universum. Naturwissenschaft und Schöpfungsglaube im Dialog.* Regensburg. 1995
70. Hogan, Craig J.; *Deuterium und das frühe Kosmos.* In der Zeitschrift: „Spektrum der Wissenschaft, Dossier 3/98: Planeten, Sterne und Weltraum" 1998
71. Hoyle, Fred; *Kosmische Katastrophen und Ursprung der Religion.* Frankfurt/M. 1997
72. Hume, David; *Dialoge über natürliche Religion.* Stuttgart. 1981
73. Jakob François; *Die Maus, die Fliege und der Mensch. Über die moderne Genforschung.* Berlin. 1998.
74. Jantsch, Erich; *Die Selbstorganisation des Universums.* München. 1992
75. Jeeves, Malcolm A.; *Human Nature at the Millennium.* Grand Rapids. 1997
76. Johnson, Phillip E.; *Darwin on Trial.* Downers Grove. 1993
77. Jonas, Hans; *Zwischen Nichts und Ewigkeit.* Göttingen. 1987
78. Jung, Carl G.; *Archetypen.* Olten. 1971
79. Kaku, Michio; *Zukunftsvisionen.* München. 1998
80. Kakuska, Reiner (Hg.); *Andere Wirklichkeiten.* München. 1984
81. Kant, Immanuel; *Kritik der reinen Vernunft.* Hamburg. 1998
82. Kaufmann, Stuart; *Der Öltropfen im Wasser. Chaos, Koplexität, Selbstorganisation in Natur und Gesellschaft.* München. 1995
83. Kelly, Kevin; *Der zweite Akt der Schöpfung. Natur und Technik im neuen Jahrtausend.* Frankfurt/M. 1999
84. Kingdon, Jonatahan; *Und der Mensch schuf sich selbst.* Basel. 1994
85. Kirchner, Robert, P.; *Die Entstehung der Elemente.* In der Zeitschrift: „Spektrum der Wissenschaft, Spezial-3: Leben im Kosmos." 1998
86. Kitcher, Philip; *The Lives to Come. The Genetic Evolution and Human Possibilities.* NY. 1996

87. Klimkeit, Hans-Joachim; *Der Buddha. Leben und Lehre.* Stuttgart. 1990.
88. Koestler, Arthur; *Die Wurzeln des Zufalls.* Bern. 1972
89. Kron, Richard, G.; Schramm, David, N.; *Die Entwicklung des Universums.* In der Zeitschrift: „Spektrum der Wissenschaft, Spezial-3: Leben im Kosmos." 1998
90. Kurzweil, Ray; *Homo Sapiens. Leben im 21. Jahrhundert – was bleibt vom Menschen.* Köln. 1999
91. Landscheidt, Theodor; *Wir sind Kinder des Lichts. Kosmisches Bewußtsein als Quelle der Lebensbejahung.* Freiburg. 1987
92. Laotse; *Tao Te King.* Bern. 1976
93. Laszlo, Ervin; *Das dritte Jahrtausend. Zukunftsvisionen.* Frankfurt/M. 1998
94. Laszlo, Ervin; Grof, Stanislav; Russel, Peter; *Die Bewußtseins-Revolution.* München. 1999
95. Laszlo, Ervin; *Kosmische Kreativität.* Frankfurt/M. 1995
96. Layzer, David; *Die Ordnung des Universums.* Frankfurt/M. 1995
97. Lorenz, Konrad; *Vom Weltbild des Verhaltensforschers.* München. 1973
98. Lovelock, James; *Gaia: die Erde ist ein Lebewesen. Anatomie und Physiologie des Organismus Erde.* München. 1991
99. Löw, Reinhard; *Die neuen Gottesbeweise.* Augsburg. 1998
100. Margulis, Lynn; *Die andere Evolution.* Heidelberg. 1999
101. Maslow, Abraham A.; *Psychologie des Seins.* Frankfurt/M. 1973
102. Maturana, Humberto R.; Varela, Francisco J.; *Der Baum der Erkenntnis. Die biologischen Wurzeln menschlichen Erkennens.* München. 1987
103. Maynard Smith, John; Szathmàry, Eörs; *Evolution. Prozesse, Mechanismen, Modelle.* Heidelberg. 1996
104. Mayr, Ernst; *...und Darwin hat doch Recht. Charles darwin, seine Lehre und die moderne Evolutionstheorie* München. 1994
105. Mayr, Ernst; *The Growth of Biological Thought. Diversity, Evolution and Inheritance.* Cambridge. 1982
106. Mecklenburg, Ernst; *Wir alle sind unsterblich.* München. 1997
107. Miles, Jack; *Gott. Eine Biographie.* München. 1996
108. Minsky, Marvin; *Mentopolis.* Stuttgart. 1990
109. Minsky, Marvin; *Werden Roboter die Erde beherrschen?* In der Zeitschrift: „Spektrum der Wissenschaft, Spezial-3: Leben im Kosmos." 1998

110. Moravec, Hans; *Computer übernehmen die Macht.* Hamburg. 1999
111. Murphy, Nancey; Brown, Warren S. (Hg.); *Whatever Happened to the Soul?* Minneapolis. 1998
112. Mutschler, Hans-Dieter; *Die Gottmaschine.* Augsburg. 1998
113. Mutschler, Hans-Dieter; Dürr, Hans-Peter; Pannenberg, Wolfhart; *Gott, der Mensch und die Wissenschaft.* Augsburg. 1997
114. Orgel, Leslie E.; *Der Ursprung des Leben.* In der Zeitschrift: „Spektrum der Wissenschaft, Spezial-3: Leben im Kosmos." 1998
115. Pannenberg, Wolfhart; *Die Bestimmung des Menschen.* Göttingen. 1978
116. Pannenberg, Wolfhart; *Gottebenbildlichkeit als Bestimmung des Menschen.* München. 1979
117. Pannenberg, Wolfhart; *Was ist der Mensch?* Göttingen. 1962
118. Paul, Gregory S.; Cox, Earl D.; *Beyond Humanity: Cyberevolution and Future Minds.* Rockland. 1996
119. Peacocke, Arthur; *Gottes Wirken in der Welt.* Mainz. 1998

120. Penrose, Roger; *Schatten des Geistes. Wege zu einer neuen Physik des Bewußtseins.* Heidelberg. 1995
121. Plessner, Helmut; *Die Stufen des Organischen und der Mensch.* Berlin. 1975
122. Polkinghorne, John; *Belief in God in an Age of Science.* Yale. 1998
123. Polkinghorne, John; *Science & Theology.* London. 1998b
124. Poppelbaum, Hermann; *Entwicklung, Vererbung und Abstammung.* Dornach. 1961
125. Poppelbaum, Hermann; *Mensch und Tier. Fünf Einblicke in ihren Wesensunterschied.* Frankfurt/M. 1975
126. Popper, Karl R.; Eccles, John C.; *Das Ich und sein Gehirn.* München. 1982
127. Popper, Karl R.; *Lesebuch. Ausgewählte Texte zu Erkenntnistheorie, Philosophie der Naturwissenschaften, Metaphysik, Sozialphilosophie.* Tübingen.1945
128. Prabhavananda, Swami; *Die Bergpredigt im Lichte des Vedanta.* München. 1994
129. Prigogine, Ilya; Stengers, Isabelle; *Order out of Chaos.* London. 1984

130. Radhakrishnan, Sarvapalli; *Weltanschauung der Hindu*. Baden-Baden. 1961
131. Raphael; *Advaita Vedanta*. Bielefeld. 1998
132. Redhead, Michael; *From Physics to Metaphysics*. NY. 1995
133. Rees, Martin; *Vor dem Anfang. Eine Geschichte des Universums*. Frankfurt/M. 1998
134. Rees, Martin; *Wir sind kein zufälliger Punkt im Universum*. Interview in der Zeitschrift: „Star Observer, Spezial: Astronomie und Weltraumforschung" S. 52-54, 1998
135. Reeves, Hubert; *Die kosmische Uhr. Hat das Universum einen Sinn?* Düsseldorf. 1989.
136. Reeves, Hubert; Rosnay, Joël de; Coppens Yves; Simmonet, Dominique; *Die schönste Geschichte der Welt. Von den Geheimnissen unseres Ursprungs*. Bergisch Gladbach. 1998.
137. Roe, Anne; Simpson, George G.; *Evolution und Verhalten*. Frankfurt/M. 1969
138. Rosnay, Joël de ; *Homo Symbioticus. Einblicke in das 3. Jahrtausend*. München. 1997
139. Russell, Peter; *Im Zeitstrudel*. Bern. 1992
140. Sagan, Carl; *Gibt es außerirdisches Leben?* In der Zeitschrift: „Spektrum der Wissenschaft, Spezial-3: Leben im Kosmos." 1998
141. Scheler, Max; *Die Stellung des Menschen im Kosmos*. Bonn. 1995
142. Schelling, F.W.J.; *Über das Wesen der menschlichen Freiheit*. Stuttgart. 1977
143. Schopenhauer, Arthur; *Über den Tod*. Freiburg. 1999
144. Schult, Arthur; *Die Weisheit der Vedanten und Upanishaden*. Bietigheim. 1986
145. Sheldrake, Rupert; *Das schöpferische Universum*. Berlin. 1983
146. Sheldrake, Rupert; Fox, Matthew; *Die Seele ist ein Feld. Der Dialog zwischen Wissenschaft und Spiritualität*. Bern. 1996.
147. Smolin, Lee; *Warum gibt es die Welt? Die Evolution des Kosmos*. München. 1999.
148. Sober, Elliot; Wilson, David S.; *Unto others. The Evolution and Psychology of Unselfish Behaviour*. Cambridge. 1998
149. Steiner, Rudolf; *Aus der Akasha-Chronik*. Dornach. 1995
150. Steiner, Rudolf; *Ursprung und Ziel des Menschen*. Dornach. 1985

151. Swimme, Brian; Berry, Thomas; *Die Autobiographie des Universums*. München. 1999
152. Tattersall, Ian; *Becoming Human. Evolution and Human Uniqueness*. NY. 1998
153. Teilhard de Chardin, Pierre; *Das Herz der Materie*. Zürich. 1987
154. Tipler, Frank; *Die Physik der Unsterblichkeit. Moderne Kosmologie, Gott und die Auferstehung der Toten*. München. 1994
155. Tipler, Frank; *The Omega Point Theory*. http://www.infidels.org/ library/modern/... /tipler.html, 1999
156. Treumann, Rudolf; *Die Elemente. Feuer, Erde, Luft und Wasser in Mythos und Wissenschaft*. München. 1994
157. Unsöld, Albrecht; *Evolution kosmischer, biologischer und geistiger Strukturen*. Stuttgart. 1983
158. Varela, Francisco J.; *Traum, Schlaf und Tod. Grenzbereiche des Bewußtseins. Dalai Lama im Gespräch mit westlichen Wissenschaftlern*. München. 1998.
159. Vernadskij, Vladimir; *Ausgewählte Werke. Band 5.*(in russ. Sprache) Moskau. 1926
160. Vivekananda, Swami; *Vedanta: Der Ozean der Weisheit*. Bern. 1986
161. Weinberg, Steven; *Der Traum von der Einheit des Universums*. München. 1993
162. Weinberg, Steven; *Leben und Kosmos*. In der Zeitschrift: „Spektrum der Wissenschaft, Spezial-3: Leben im Kosmos." 1998
163. Whitehead, Alfred N.; *Prozeß und Realität*. Frankfurt/M. 1979
164. Wilber, Ken; *Eine kurze Geschichte des Kosmos*. Frankfurt/M. 1997
165. Wilson, Robert Anton; *Der neue Prometheus. Die Evolution unserer Intelligenz*. Basel. 1985
166. Worthing, Mark W.; *God, Creation and Contemporary Physics*. Minneapolis. 1996
167. Zajonc, Arthur; *Die gemeinsame Geschichte von Licht und Bewußtsein*. Reinbeck bei Hamburg. 1994

www.ingramcontent.com/pod-product-compliance
Lightning Source LLC
Chambersburg PA
CBHW070317230526
45470CB00002B/915